高职高专“十二五”规划教材·**机械专业系列**

普通车工技能训练与鉴定指导（中级）

主　编　张锐忠
副主编　汪　洋

南京大学出版社

图书在版编目(CIP)数据

普通车工技能训练与鉴定指导：中级 / 张锐忠主编．
—南京：南京大学出版社，2015.8
高职高专“十二五”规划教材·机械专业系列
ISBN 978-7-305-15716-5

Ⅰ.①普… Ⅱ.①张… Ⅲ.①车削—高等职业教育—
教学参考资料 Ⅳ. ①TG51

中国版本图书馆 CIP 数据核字(2015)第 188446 号

出版发行 南京大学出版社
社　　址 南京市汉口路 22 号　　邮　编 210093
出 版 人 金鑫荣

丛 书 名 高职高专“十二五”规划教材·机械专业系列
书　　名 普通车工技能训练与鉴定指导(中级)
主　　编 张锐忠
责任编辑 蔡文彬　　编辑热线 025-83937988

照　　排 南京南琳图文制作有限公司
印　　刷 南京理工大学资产经营有限公司
开　　本 787×1092 1/16 印张 9.75 字数 203 千
版　　次 2015 年 8 月第 1 版 2015 年 8 月第 1 次印刷
ISBN 978-7-305-15716-5
定　　价 24.00 元

网址：http://www.njupco.com
官方微博：http://weibo.com/njupco
官方微信号：njupress
销售咨询热线：(025) 83594756

---

* 版权所有，侵权必究
* 凡购买南大版图书，如有印装质量问题，请与所购
图书销售部门联系调换

前　言

为了满足学生在实训过程中对掌握理论知识、实际工艺分析能力、实际操作能力等的需要，本书突出学生动手能力，以技工学校教学大纲为主要指导思想，为便于车工实训指导教师统一安排各学期的普车实训教程，特编写本指导书。

本指导书是参照《车工工艺与技能训练（劳动版）》的工艺理论知识和技能训练的有关课题，根据教学大纲要求和学生实训的实际能力，并适时参考了国家大型工厂中的一些零件加工的较为先进的成熟工艺和老教师的实际教学经验，本着以人为本、提高学生双向素质、为一体化教学的发展铺路架桥的理念编写而成。

本书分为 11 个模块，34 个课题，涵盖了普通车工初、中级训练的所有课题及高级工训练的部分课题。采取由浅入深，循序渐进，将专业理论知识融入相关训练课题的教学方法，使学生在实训过程中能够反复学习、理解、熟悉基本工艺和实际操作技能，变枯燥学习为兴趣训练，变被动接受知识为主动求知，最终达到掌握本专业知识和技能要求的目的。

本书主要特点是：

（1）具有完整统一规范的零件图样，统一的工艺程序，具有细密的切削用量参数指导；

（2）通俗易懂，并适时插入多幅工艺图示，适合初、中级的学生使用，也适合报考高级工的学生作为参考用书；

（3）针对性较强，参照现今工厂实际需要的车工工艺和技能；

（4）使用范围广，既可作为学生的实习指导书，也可作为任课教师的参考用书。

本书由张锐忠教授担任主编，武昌职业学院汪洋担任副主编。本书的编写得到了学校各级领导的大力支持，在此谨表示衷心的感谢！由于时间仓促和水平所限，书中难免有不妥之处，敬请读者批评指正。

编　者

2015 年 5 月

前言

目 录

模块一　车　床

在车床上操作，车削工件必须时刻注意安全生产才能保障操作人员和设备的安全，才能防止工伤和设备事故的发生。实践经验和血的教训要求操作者特别是初学者必须严格执行安全操作规程。

课题一　车工安全操作规程

一、安全操作规程

1. 上机操作要穿工作服，女同志要带工作帽并将长发塞入帽子里，禁止穿短裙、凉鞋。
2. 车工严格禁止戴手套进行操作。
3. 操作时要带眼镜以保护眼睛。
4. 变换转速必须先停车，后变速。
5. 清理切屑要使用专用铁勾，并要先停车才能清理切屑。
6. 工件装卸完成后卡盘扳手必须从卡盘上取下。
7. 车床操作必须单人进行，不允许双人同时操作一台机床。
8. 工件和刀具装夹必须牢固以防工件飞出伤人。
9. 不准随意拆装电气设备以免发生触电事故。
10. 安全事故案例讲解。

课题二　车床的维护与卫生

表 1-1　车床的维护与卫生

序号	项目	内　容
1	人员	文明礼貌、遵章守纪，合理穿戴劳防用品，专心操作，团结协助
2	设备	车床外观无“黄袍”、油污、杂物。符合整齐、清洁、润滑、安全四项要求。设备完好，精度达标
3	工夹具	合理使用，轻拿轻放，无锈蚀、无缺损，用完入库
4	量具	合理使用，保持清洁、准确，测量面无锈斑、无损伤
5	刀具	刀刃不碰撞，合理选择切削用量。及时刃磨，不超负荷切削

续表

序号	项目	内　容
6	工位器具	标示明显，牢固可靠，工件排列整齐，不撞伤碰毛
7	物料	标识分类，分区摆放，不占线道，无水迹，不歪斜、超高。零件图、工序卡上夹，保持整洁，不破损
8	工艺	严格执行产品质量“三检制”，严格按照工艺要求操作
9	工具箱	整齐清洁，定位摆放，开箱知数，量具存盒，刀具隔离，上放轻、下放重、中间放常用，长件吊挂
10	场地	平整通畅，无积水、油垢，无痰迹、烟头、纸屑等杂物

课题三　车床结构与操作

一、车床组成

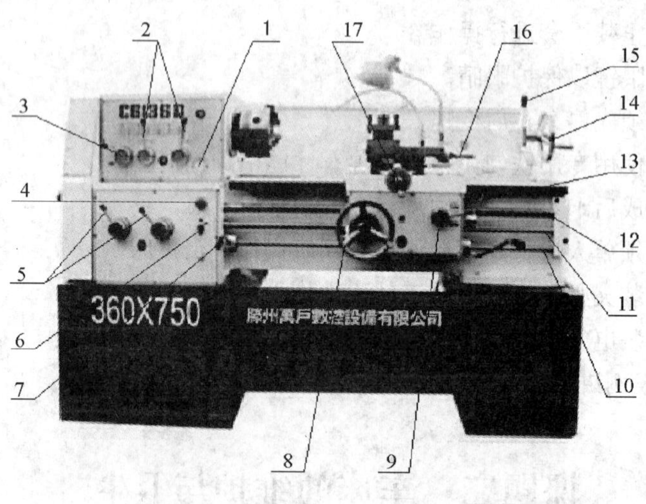

图 1-1　C6136D 型车床

1—变速开关；2—主轴变速手柄；3—左右螺纹转换手柄；4—急停开关；5—螺距进给量选择手柄；6—冷却泵开关；7—正反车手柄；8—床鞍纵向移动手轮；9—开合螺母；10—操纵杆；11—光杠；12—丝杠；13—纵横进给选择手柄；14—尾筒移动手轮；15—尾座锁紧手柄；16—小滑板手柄；17—中滑板手柄

二、车床操作

1. 打开车床电源总开关（通称通电）。

2. 按下启动按钮（绿色），提起右侧操纵杆手柄，主轴做低速正旋转，训练车床正转、反转、停车。

三、主轴箱变速训练

(要求初学者进行下列操作练习)

1. 调整主轴转速练习

30r/min　　　　700r/min　　　　132r/min

2. 调整进给量练习

0.11mm/r：$\frac{2}{A}-\frac{Ⅱ}{S}$　　　　0.22mm/r：$\frac{3}{A}-\frac{Ⅲ}{S}$　　　　0.44mm/r：$\frac{2}{A}-\frac{Ⅵ}{S}$

3. 调整螺纹螺距练习

$P=2$mm：$\frac{3}{C}-\frac{Ⅲ}{M}$　　　　$P=3$mm：$\frac{6}{D}-\frac{Ⅲ}{M}$　　　　$P=6$mm：$\frac{3}{D}-\frac{Ⅵ}{M}$

4. 训练手感

(1) 左手握床鞍纵向运动手轮 8 从床尾摇到床头，将后尾座推到床头，并把车床的后半部擦干净，导轨打油再将尾座和床鞍摇回床尾。

目的：① 熟悉床鞍纵向运动手轮 8 及床鞍纵向移动的过程；

② 养成良好的卫生习惯。

(2) 右手握中滑板手柄 17 使中滑板横向移动到最前端，用布将车床（门前）清理干净，即中滑板两导轨和床鞍上部。中滑板导轨打油并摇回原位。

目的：① 熟悉中滑板手柄 17 及中滑板横向移动的过程；

② 通过这种方式培养学生养成良好的卫生习惯及时刻保持工作场地干净整齐的卫生意识。

课题四 车刀安装训练

内容	图示	要求
根据机床主轴中心高用钢板尺进行测量装刀	车刀 180 垫片	1. 机床主轴中心到平面导轨的距离180mm（中心高）（机床说明书）； 2. 用 300mm 钢板尺测量，从机床导轨平面到刀尖的高度是机床的理论中心高 180mm（机床牌号中最大回转直径的 1/2）。
根据尾座顶尖的高度装刀	刀尖对准顶尖 前刀面朝上 刀头伸出<2倍刀杆高度 刀杆与工件轴线垂直	刀尖与顶尖中心平齐

续表

内容	图示	要求
根据目测试车端面调整装刀	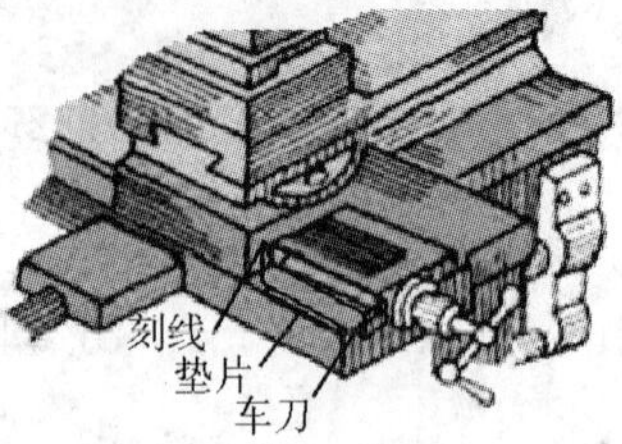	1. 先根据目测安装车刀并试车一刀，根据情况做车刀微调，直到刀尖与中心重合，当车刀刀尖完全到中心位置，在中滑板燕尾上划一条辅助刻线，这条刻线正好位于刀架底面到主轴中心高度上； 2. 后续的车刀安装可以此刻线为基准。
刀具安装伸出长度	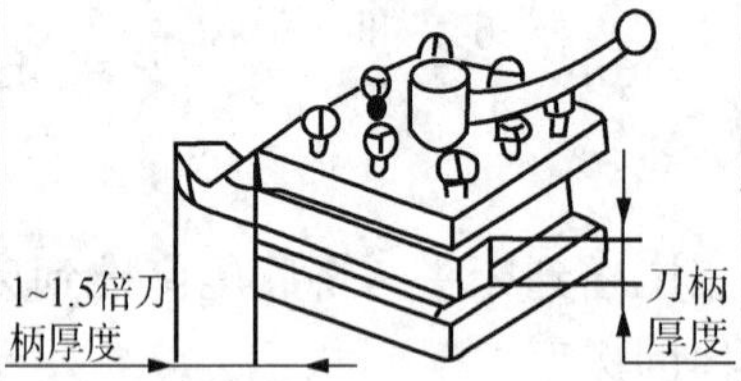	刀装夹在刀架上，伸出部分应尽量短，以增加刚性，伸出长度一般为1～1.5倍刀柄厚度。

90°正偏车刀安装中心高对于车削的影响。

刀具安装图示	对车削的影响
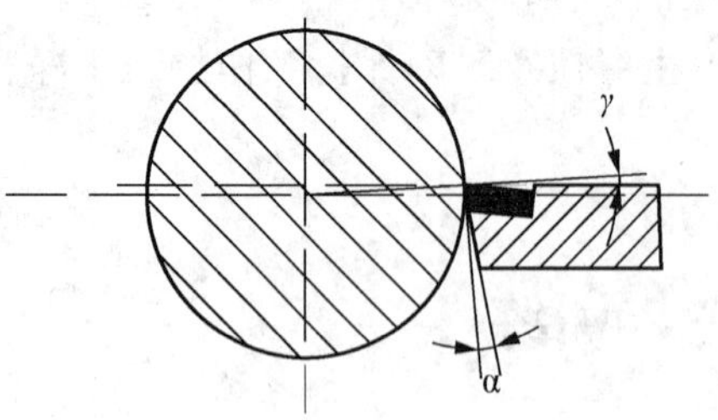	1. 车刀刀尖高于工件轴线，会使车刀的实际后角减小，前角增大，车刀后面与工件之间的摩擦增大
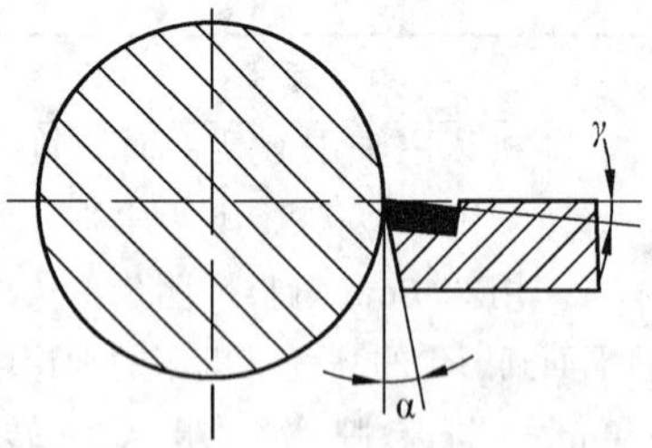	2. 车刀刀尖与工件中心等高，前后角保持不变
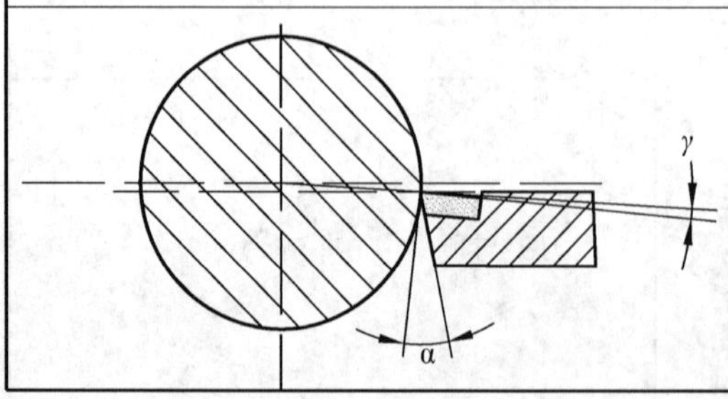	3. 车刀刀尖低于工件轴线，会使车刀的实际前角减小，后角增大，实际切削阻力增大

模块二　车刀的刃磨

课题一　90°正偏刀的几何角度与刃磨

车刀是机械零件切削的重要工具。生产实践证明，合理地选用和正确地刃磨车刀对保证加工质量、提高生产效率有极大的影响。车刀刃磨是车工的重要技能之一，行业人员常以“三分手艺、七分刀具”来描述车刀的重要性。

一、90°正偏刀标准几何角度图样（YT15）

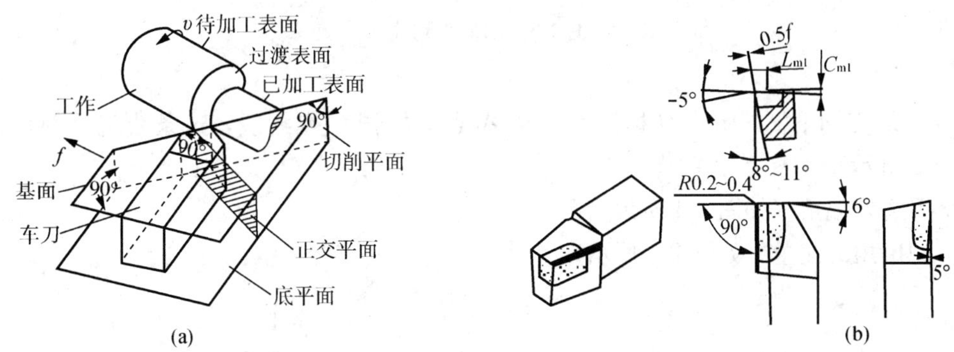

图 2-1　90°外圆车刀

二、90°正偏刀的刃磨步骤

说明：初学车刀刃磨，利用 16×16×120mm 正四方体冷拔钢做训练用车刀，如图 2-2 所示。

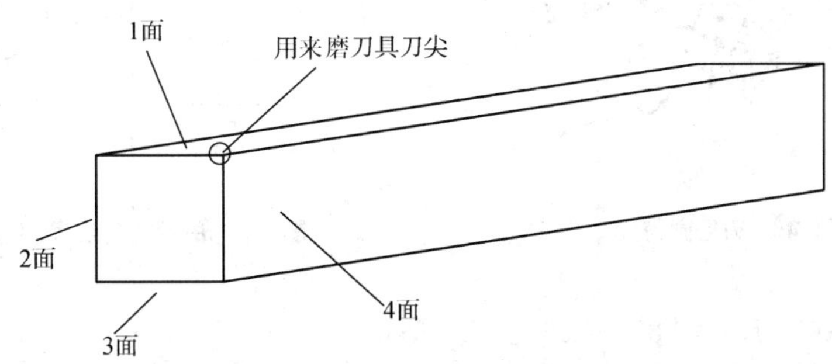

图 2-2　磨刀用正方体冷拔钢

设定车刀基准平面——前刀面（设定 1 面为前刀面）。

第一步：刃磨副偏角，在前刀面划副切削刃线

1. 求出 BC 值。

$\tan K_r' = \dfrac{BC}{16}$；

$BC = 2.24\text{mm}$

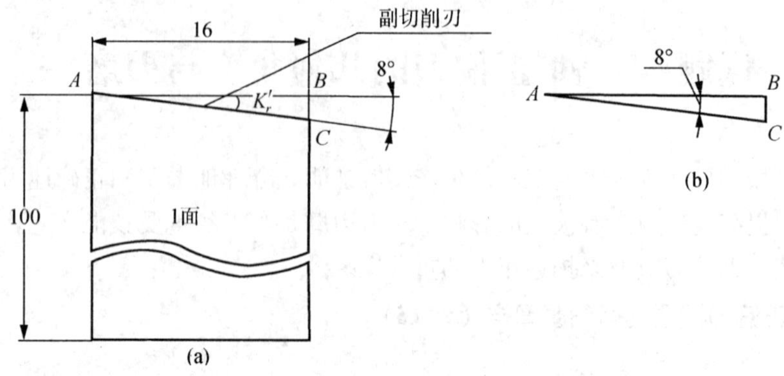

图 2-3　副偏角划线

2. 从 B 点向下 2.24mm 作标记 C，从 A 点向标记 C 点划线，这条线就是副切削刃（如图 2-3 所示）。

3. 刃磨副偏角（如图 2-4 所示）。

4. 副偏角的测量（如图 2-5 所示）。

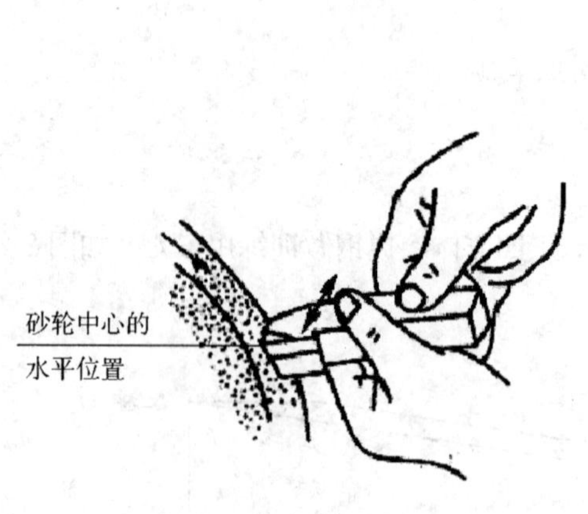

图 2-4　刃磨副偏角

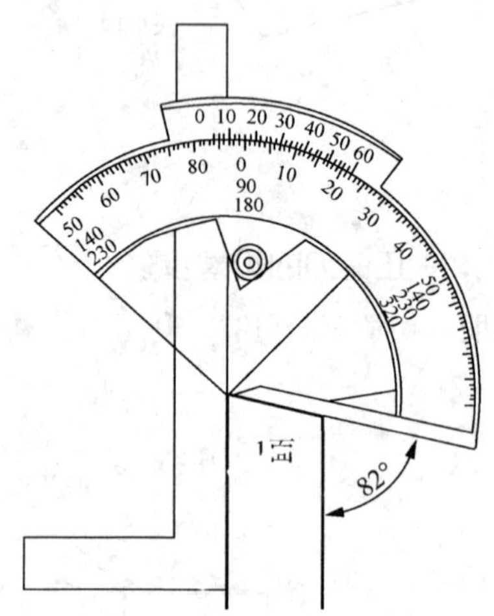

图 2-5　用万能角度尺测量副偏角

平面 4 贴平直角尺，测 82°～86°。

第二步：刃磨副后角

1. 求 BC 值。

$\tan\alpha'_0 = \frac{BC}{16}$；

$BC = 2.24\text{mm}$。

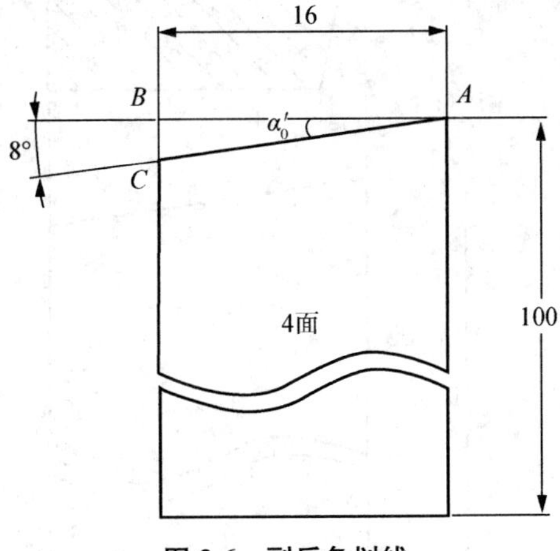

图 2-6　副后角划线

2. 在平面 4 上划线从 B 点向下 2.24mm 作标记点 C，从 A 点向 C 点划线，这条线就是副后角刃磨参照线（如图 2-6 所示）。

3. 副后角的刃磨。

4. 副后角的测量（如图 2-7 所示）。

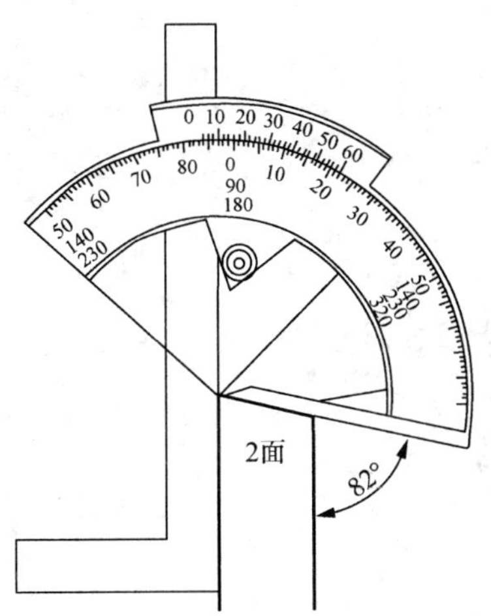

图 2-7　用万能角度尺测量副后角

第三步：刃磨主后角

1. 以平面 4 与平面 3 交线为基准划线 2.24mm，与交线平行，这条线就是主后角的刃磨参照线（如图 2-8 所示）。

2. 主后角的刃磨（如图 2-9 所示）。

3. 主后角的测量（如图 2-10 所示）。

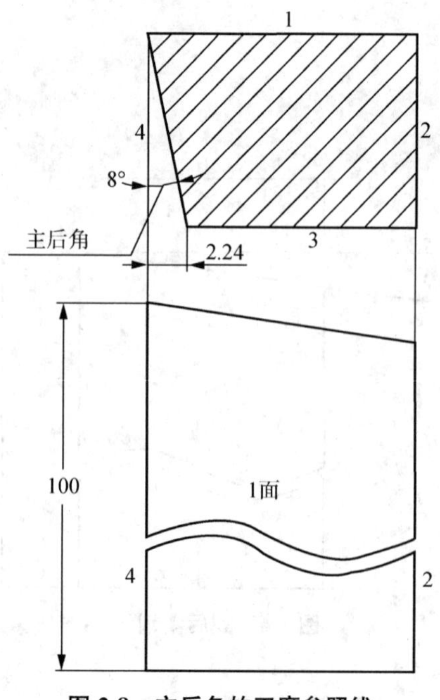

图 2-8　主后角的刃磨参照线

图 2-9　刃磨主后角

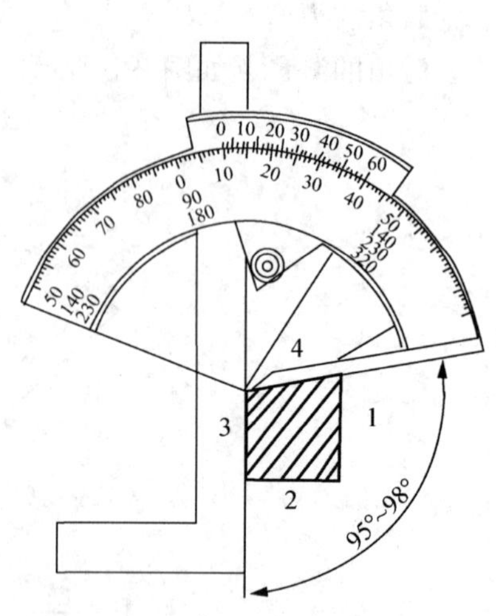

图 2-10　用万能角度尺测量主后角

平面 3 与万能角度尺下直角贴平、平面 4 水平，测 95°～98°。

第四步：刃磨前角

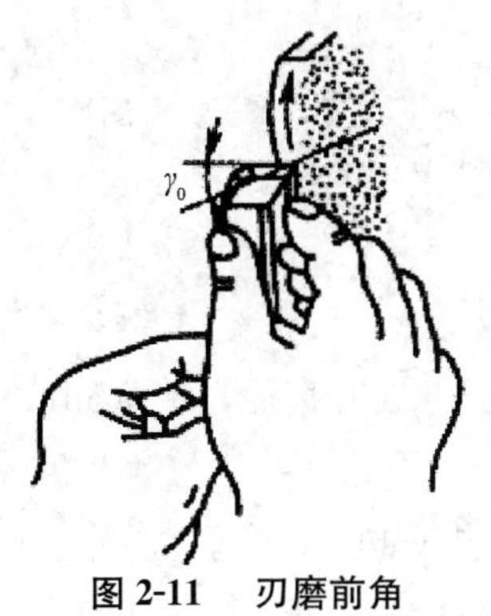

图 2-11　刃磨前角

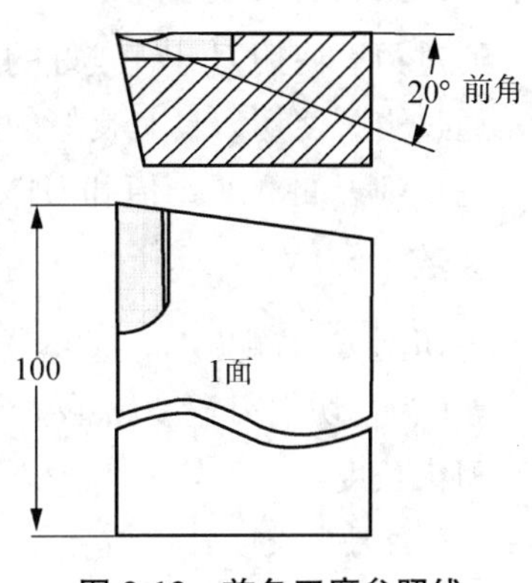

图 2-12　前角刃磨参照线

课题二　切槽与切断刀

切刀的刃磨是各种车削刀具中刃磨难度较大的一种，它同时拥有两个副偏角、两个副后角，并且对称度要求严格，加之主切削刃较窄，刀体较长，刀体强度差。因此，掌握好切刀几何角度的控制是刃磨切刀的关键。

说明：初学车刀刃磨，利用 4×16×100mm 四方体冷拔钢做训练用车刀，如图 2-13 所示。

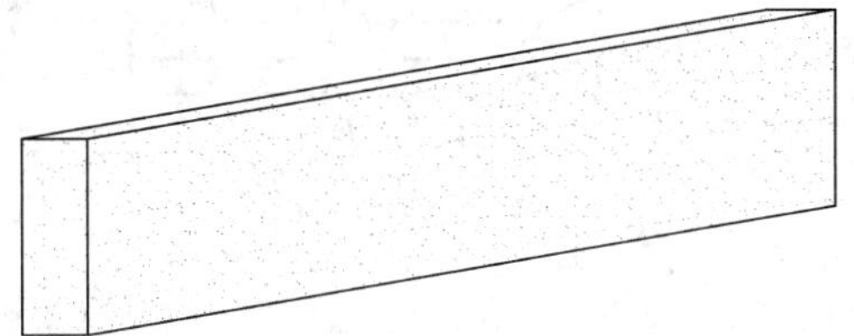

图 2-13　磨刀用四方体冷拔钢

一、切断刀标准几何角度的展示

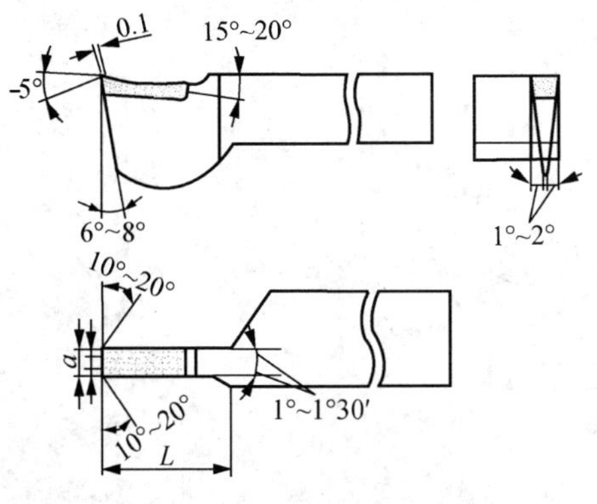

图 2-14　YT15 硬质合金切刀

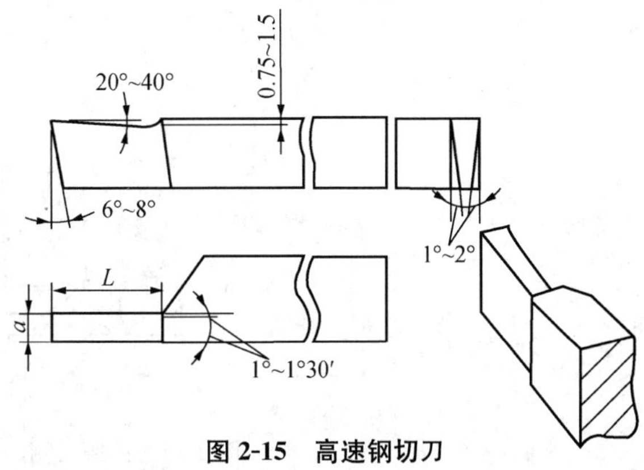

图 2-15　高速钢切刀

二、切刀刃磨的一般原则

（1）通过刃磨使切刀具有较好的强度；

（2）通过刃磨使切刀具有良好的排屑效果；

（3）主切削刃的宽度 a 值和刀体长度 L 是最重要的几何参数。

三、参数

（1）主切削刃的宽度：$a=(0.5\sim0.6)\sqrt{d}$

式中，a 为主切削刃宽度，单位 mm；d 为工件待加工表面直径，单位 mm。

（2）刀头长度： $l=n+(2\sim3)$ mm

式中，l 为刀头长度，单位 mm；n 为切入深度，单位 mm。

四、切刀的刃磨

1. 先刃磨两侧副后角。

当切刀的主切削刃宽度和刀体长度确定后，首先在车刀刀体上划长度线标记作为刃磨副偏角时切刀长度的极限位置。

2. 右手在前、左手在后，操作者站在砂轮左侧，前刀面向上同时完成左侧的副偏角和副后角的刃磨，如图 2-16 所示。

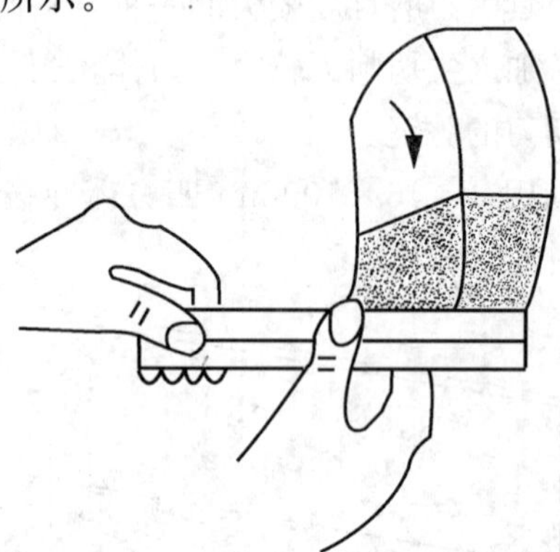

图 2-16　刃磨左侧副偏角和副后角

3. 左手在前、右手在后，操作者站在砂轮的右侧，前刀面向上同时完成右侧的副偏角和副后角的刃磨，如图 2-17 所示。

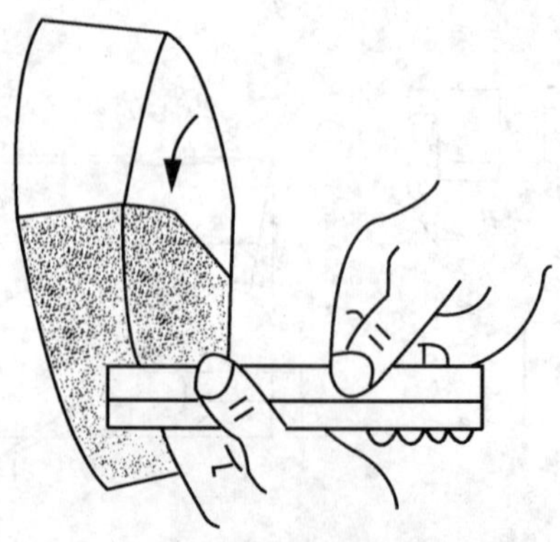

图 2-17　刃磨右侧副偏角和副后角

4. 右手在前、左手在后，前刀面向上磨出主后角（前刀面前高后低，如图 2-18 所示）。

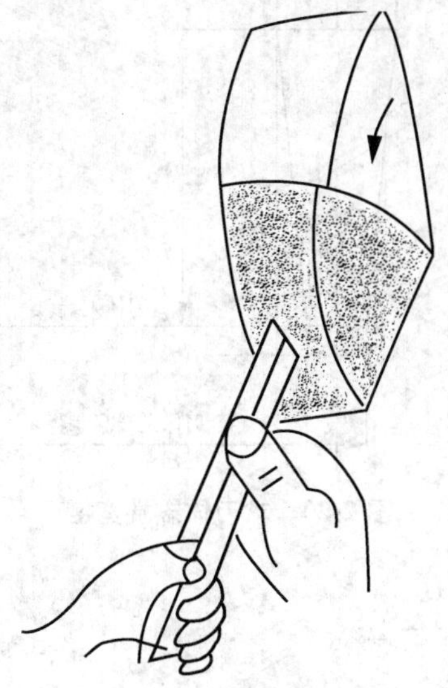

图 2-18　刃磨主后角

5. 磨出前刀面和前角及卷屑槽（如图 2-19 所示）。

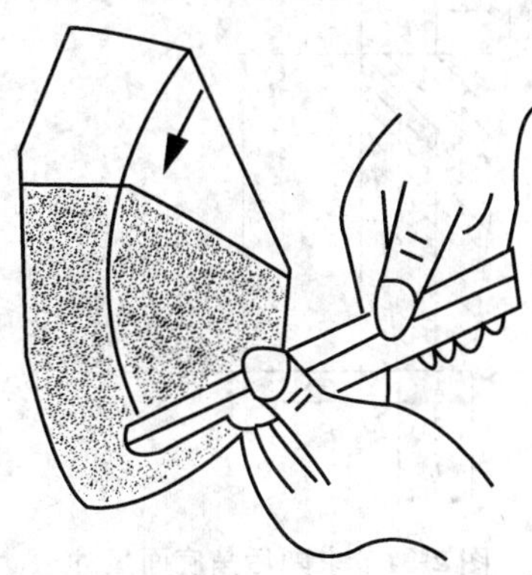

图 2-19　刃磨前角及卷屑槽

五、注意事项

1. 磨刀时必须戴防护眼镜；
2. 磨刀时操作者应站立于砂轮两侧；
3. 磨刀时不能用力过猛以防打滑伤手；
4. 刃磨两侧副偏角、两副后角要保证对称；
5. 主切削刃要平直、锋利；
6. 卷屑槽圆弧长要大于或等于刀体 L 长度。

六、例题（代用料：4×20×100mm 钢料）

已知：切刀主切削刃 a ＝3mm，刀头长度 13mm。

求：前刀面刀体末端宽度 a_1 和副后角底面尺寸 b 。

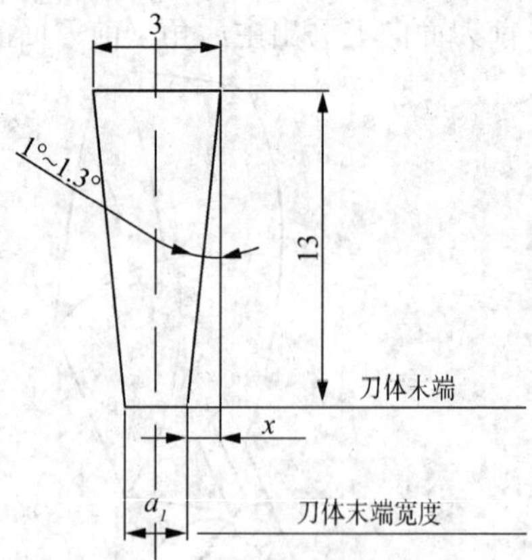

图 2-20　求刀体末端宽度

解：如图 2-20 所示：$a_1 = 3 - 2x$

$x_1 = \text{tg}1° \times 13 = 0.22\text{mm}$

$x_2 = \text{tg}1.3° \times 13 = 0.23\text{mm}$

所以 $a_1 = (2.54 \sim 2.56)\text{mm}$

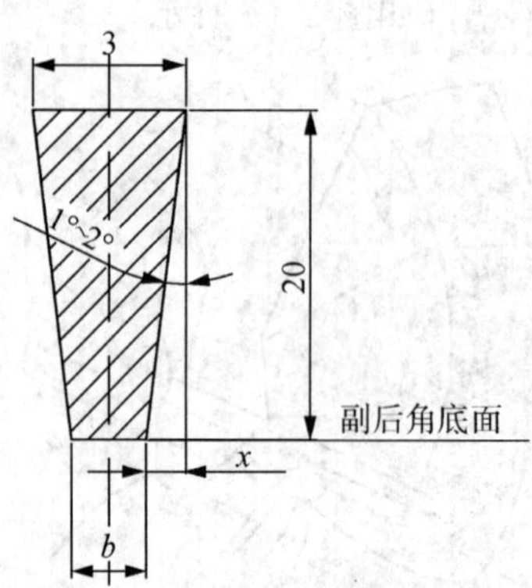

图 2-21　求副后角底面尺寸

如图 2-21 所示：副后角底面宽度尺寸

$b = 3 - 2x$

$x_1 = \text{tg}1° \times 20 = 0.34\text{mm}$

$x_2 = \text{tg}2° \times 20 = 0.68\text{mm}$

所以副后角底面宽度尺寸 $b = (1.64 \sim 2.32)\text{mm}$。

课题三　硬质合金车刀的刃磨

一、硬质合金车刀的刃磨

1. 首先清理车刀各部分的焊渣点，特别是保证车刀底面的平整；

2. 粗磨刀柄的主后面和副后面，刃磨时首先将车刀刀头翘起大约 2°～8°的前高后低的斜面，磨出的刀柄两后角以不影响刀体的后角刃磨为原则；

3. 粗磨刀体（即合金部分）的主后角、副后角；

4. 粗磨前刀面，磨出断屑槽，其宽窄应根据切削深度和进给量来确定。

二、车削中的安全与注意事项

硬质合金车刀车出的带状切屑是一种极大的安全隐患，为此必须控制切屑形状，确保安全生产。硬质合金车刀的使用要先开车，后对刀，先退刀，后停车。

1. 根据工件直径合理刃磨断屑槽，强迫其断屑；

2. 通过改变转速或吃刀深度、进给量，达到断屑的目的；

3. 当出现带状切屑时，可停车用铁勾清理；

4. 遇有碎粒切屑出现，应停车对车刀重磨并戴防护眼镜。

三、硬质合金的性能

1. 硬质合金是由硬度和熔点极高的碳化钨、碳化钛及胶合金属钴（Co）用粉末冶金方法制成；

2. 硬质合金具有良好的耐磨性能，硬度极高；

3. 硬质合金的红硬性（耐热性）很高，可达 1 000℃而保持良好的切削性能；

4. 抗弯强度和抗冲击强度较差；

5. 硬质合金车刀的切削速度可高达 220m/min，是高速钢车刀的近 10 倍，生产效率很高。

四、硬质合金分类、用途新旧对照

表 2-1　硬质合金分类、用途新旧对照

类　别	用　途	加工材料	新代号	旧代号
钨钴类 K	加工脆性材料	铜、生铁	K_{01}、K_{10}、K_{30}	YG_3、YG_6、YG_8
钨钴钛类 P	加工塑性金属	钢	P_{01}、P_{10}、P_{30}	
钴钛镍（铌）类 M	加工硬度高的合金和硬度不高的淬火件	不锈钢	M_{10}、M_{20}	YW_1、YW_2

表 2-2　车刀材料的物理性能

类　别	HRC（A）	红硬性	切削速度	代　号
$W_{18}C_{r4}V$	64°～66°	550°～600°	v=30m/min	高速钢
YT_{15}	85°～95°	1 000°	v=220m/min	硬质合金

模块三　轴类零件车削及工艺分析

课题一　基础知识

一、轴类零件车削的基本步骤

1. 车端面。

2. 打中心孔。

3. 车夹头——指与中心孔一次装夹中车削完成的（10～20）mm 那一端加工工艺的外圆表面。

4. 一夹一顶车外圆。

①一夹——指三爪卡盘夹持的零件部位是夹头部位；

②一顶——顶另一端中心孔。

二、车长短的常识

1. 车第一个端面要求以最小的吃刀深度车平（齐）端面即可；

2. 划线车总长。

三、中心孔的作用

1. 轴类零件车削的支撑作用和定位基准作用。

2. 车削下道工序铣削、磨削等机械加工的定位基准作用。

3. 质量评定的检验基准。

4. 中心孔的质量要求。

① 中心孔的粗糙度值达 Ra 0.8μm（先高速后低速再到点动）；

② 高精度的工件中心孔需研磨；

③ 中心孔锥面不能有棱和椭圆度；

④ 精度要求较高的有下道磨削的必须用 B 型中心钻。

四、粗车和精车

车削工件时，一般分为粗车和精车两个阶段。

粗车的目的是切除加工表面的绝大部分的加工余量。粗车时，对加工表面没有严格的要求，只需留有一定的半精车余量（1～2）mm 和精车余量（0.1～0.5）mm 即可。粗车的另一个作用是及时发现毛坯材料内部的缺陷，如夹渣、砂眼、裂纹等，也能消除毛坯工件内部的残余应力和防止热变形。

精车指车削的末道加工，加工余量较小，主要考虑的是保证加工精度和加工表面质量。

课题二　车端面

手动车端面是轴类零件车削的入门技能，是车工技能的启蒙阶段，是直观、感性认识车床、车刀和工件加工的初始阶段。

一、图样展示及分析

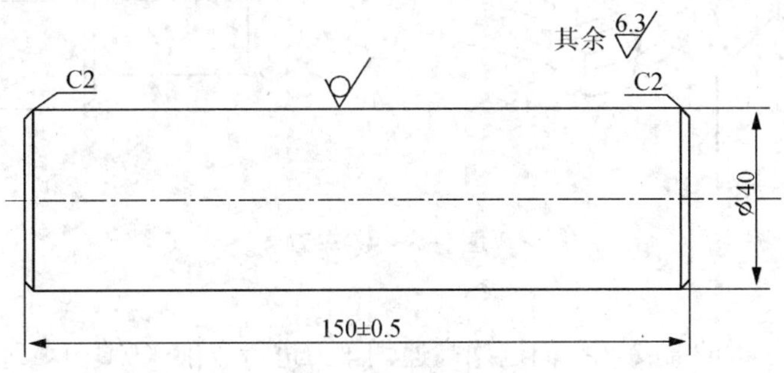

图 3-1　车端面图样

图样分析

1. 测量零件总长 150±0.5mm，有公差要求；
2. 外圆为非加工面；
3. 端面粗糙度值为 Ra 6.3μm。

二、准备工作和技术要求

1. 选用 W18Cr4V 材料 45°偏刀；
2. 为达到训练车端面的教学目的，下料总长 ø40×160mm。

三、加工步骤

1. 三爪卡盘夹毛坯伸出长度（50～60）mm 夹紧，选择转速 235r/min。
2. 刀架逆时针转 45°压紧刀架或采用端面车刀车削。
3. 移动床鞍与中滑板手柄，使刀尖与工件端面接触，用小刀架纵向进刀 1mm 车平端面即可。
4. 调头夹毛坯外圆车总长：

① 划线总长 150±0.5mm 并作标记；

② 将刀尖对准划线标记，开动车床在标记处用刀尖划痕；

③ 将装有车刀的刀架逆时针转 45°车右端到划痕部分的外圆即可，减少刀尖与毛坯氧化层的接触次数，避免刀尖的磨损；

④ 车总长端面每次进刀 a_p =1mm，可用小刀架连续进刀车削到图纸要求。

5. 倒角 C2。

四、端面车削分析

1. 刀具选择——选择 45°偏刀车削端面。

45°偏刀又称端面车刀，分为左、右两种。其刀尖角等于 90°，有很好的刀体强度和良好的散热条件，是车削端面和倒 45°角理想的刀型，如图 3-2 所示。

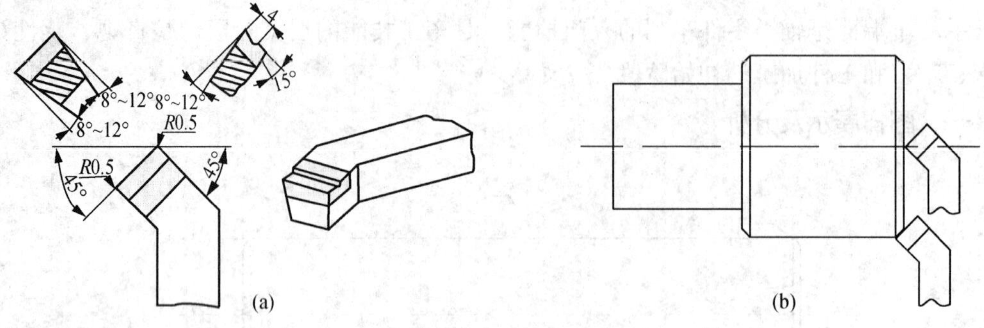

图 3-2　45°车刀

2. 为适应初学者的需要，我们选用高速钢车刀进行车削（GB/T 4211－2004、20×20×120mm 代用）。刀具刃磨如图 3-3 所示。

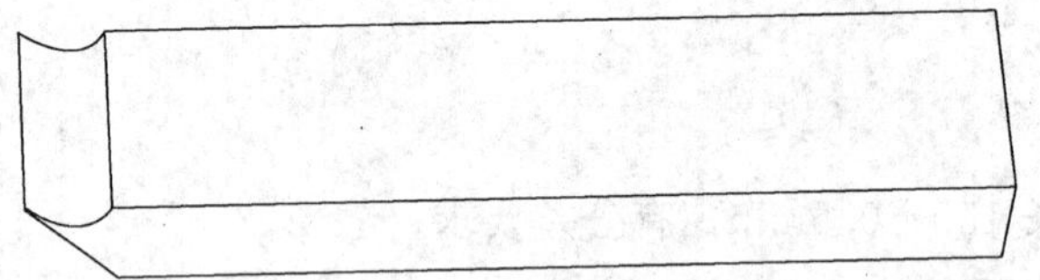

图 3-3　高速钢车刀

3. 刀具的安装。高速钢车刀装好、压紧，刀架逆时针旋转约 45°，形成 45°偏刀的车削状态。

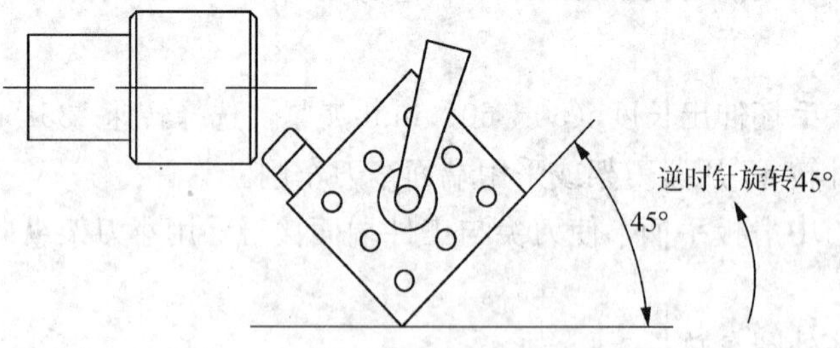

图 3-4　小滑板逆时针旋转 45°

4. 用 90°正偏刀车端面前角状态。

（1）用 90°正偏刀车端面时，原副切削刃变为主切削刃。

（2）当刀尖等于中心高，横向进给时前角为 0°（如图 3-5 所示）。

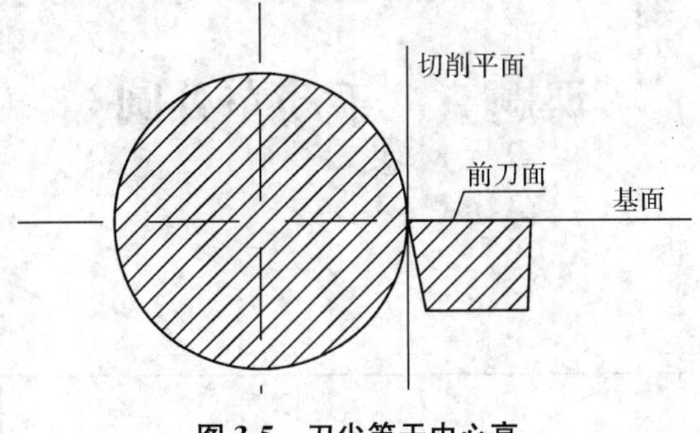

图 3-5　刀尖等于中心高

(3) 刀尖以下部分的主切削刃全部为负前角（如图 3-6 所示）。

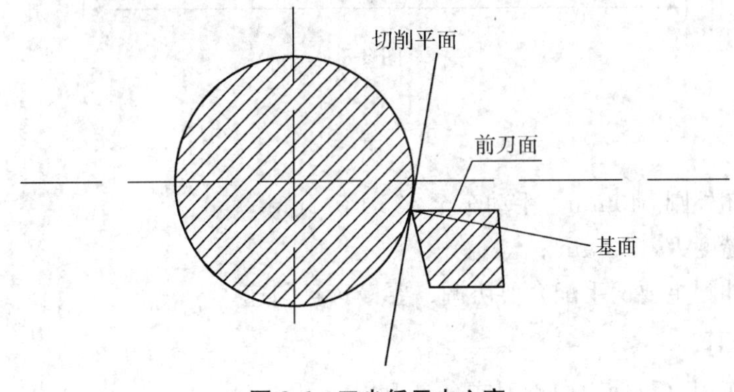

图 3-6　刀尖低于中心高

(4) 主切削刃为负前角时切削将出现以下现象：

①切削阻力增大；

②切削热增加；

③刀具磨损增快；

④由于切削力的作用，刀尖将出现纵向移动现象，从而出现凹面现象（如图 3-7 所示）。

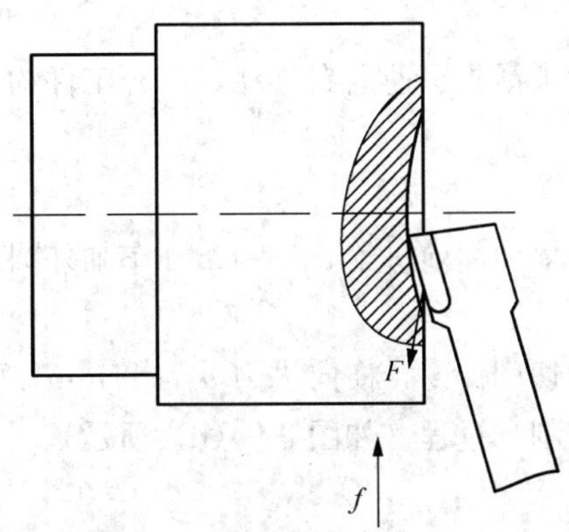

图 3-7　车削端面出现凹面

课题三　手动车外圆

一、图样展示及分析

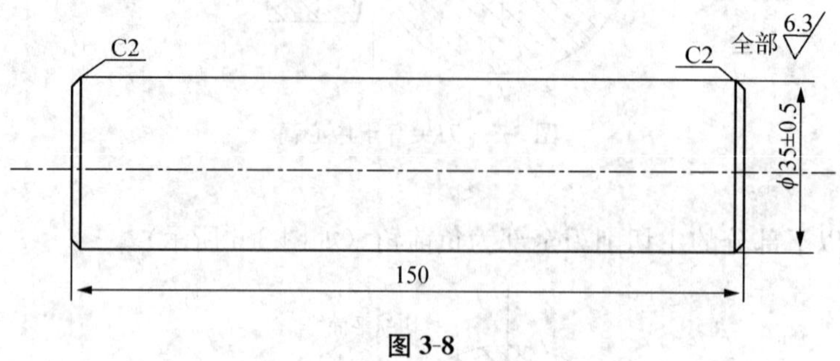

图 3-8

图样分析

1. 零件毛坯外圆 ø40mm，手动车至 ø35±0. 5mm；

2. 外圆粗糙度 Ra 6. 3μm ；

3. 手动车外圆主要两手配合要协调、要慢，且匀速。

二、准备工作

1. 90°外圆车刀（可使用白钢刀或合金刀）；

2. 游标卡尺（0～150）mm。

三、车削加工

车削外圆的步骤是：对刀→退刀→进刀→走刀。

1. 对刀。

首先启动机床，使工件作旋转运动。移动床鞍和中滑板手柄使刀尖接触工件外圆，并将待加工右端表面划痕作为进刀深度的零点位置（如图 3-9（a）所示）。

2. 退刀。

当外圆零点位置确定后大滑板迅速向右移动，离开工件约 2mm 处（中滑板手柄不动，如图 3-9（b）所示）。

3. 进刀。

摇动中滑板手柄，车刀横向向前进给 a_p =1mm 车削外圆（如图 3-9（c）所示）。

4. 走刀。

通过试切削测量确定的切削深度，横向进刀 a_p =1mm，两手慢慢匀速纵向移动。移动床鞍完成车刀的走刀（切削）过程（如图 3-9（d）所示）。

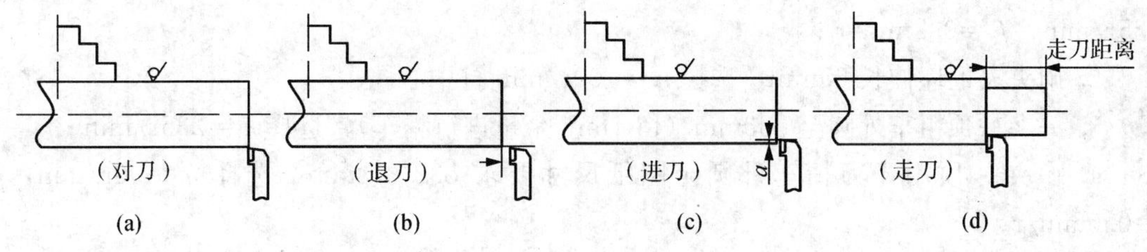

图 3-9　车削加工

四、加工步骤

1. 三爪卡盘夹毛坯伸出长度 110mm，手动车外圆；选择 235r/min，$a_p=(1\sim1.5)$mm；要求两手配合匀速走刀且慢速行进；

2. 调头夹车好的外圆，校正车另一端外圆至图纸要求并接刀；

3. 倒角 C2。

课题四　机动车光轴

一、图样展示及分析

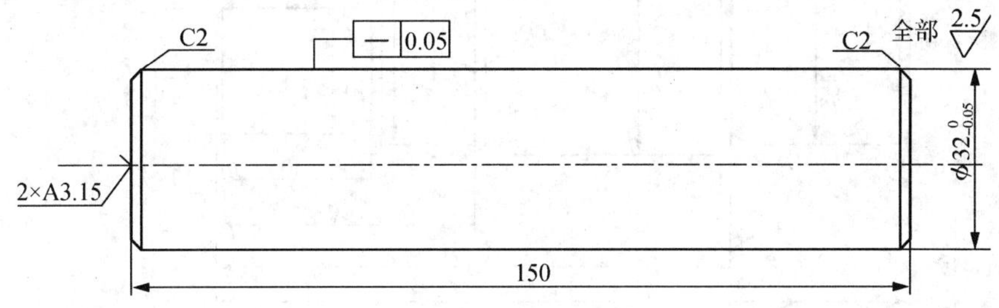

图 3-10　机动车光轴图样

图样分析

1. 机动车光轴要求学生采用自动走刀进行车削，对于初学者应该采用低速和低进给进行车削；

2. 学生使用千分尺测量外圆直径；

3. 刀具的刃磨要求较高。

二、准备工作及技术要求

1. 高速钢车刀、90°正偏刀，工件毛坯外圆尺寸：ø35±0.5mm；

2. （0～150）mm 游标卡尺、（25～50）mm 千分尺、A3 中心钻；

3. 测量工件圆柱度，调整后尾座，精度控制在 0.05mm 以内。

三、加工步骤

1. 夹毛坯伸出长度 60mm，车平端面，打中心孔，车夹头 ø33mm 长 10mm，选择 $n=$

235r/min，$f=0.2$mm/r；

2. 调头夹毛坯伸长 60mm，选择 $n=700$r/min 打中心孔；

3. 一夹一顶粗车外圆至 ø33mm（留 1mm 余量进行精车），选择 $n=235$r/min；

4. 一夹一顶用光刀精车外圆至图纸尺寸要求 ø$32_{-0.05}^{\ 0}$mm，选择 $n=90$r/min，$f=0.6$mm/r。

四、注意事项

1. 精车外圆时尽量使用切削油；

2. 一夹一顶车削时，后顶尖要松紧适度，不要过紧也不要过松；

3. 用千分尺检测要读准数值，避免因千分尺的误差而使读数较大或较小。

课题五　车削台阶轴

轴类零件是机床中常见的部件之一，它由短轴、台阶轴、长轴等构成轴系列，台阶轴是轴类零件的典型特征。

一、图样展示及分析

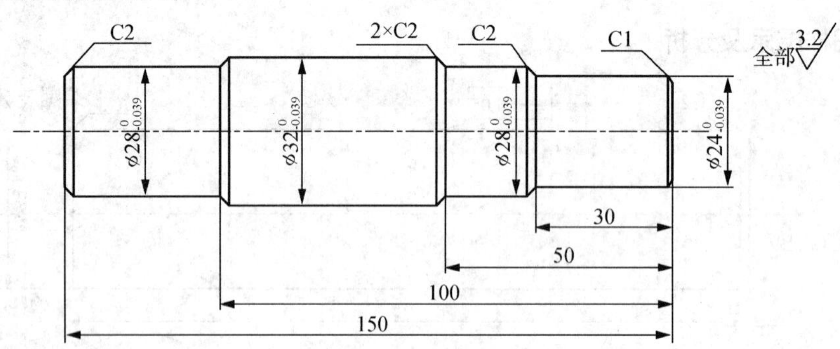

图 3-11　车削台阶轴图样

图样分析

1. 图样中有 4 个外圆、3 个台阶和 5 个端面构成；

2. 两端外圆小于中间形成两端台阶；

3. 有多处形位公差和精度要求需要工艺保证；

4. 难点是两端同轴度必须在装夹中给予工艺保证。

二、准备工作

1. 接 ø32×150mm（光轴）料；

2. 中心钻 A3，（0～150）mm 游标卡尺，（25～50）mm 千分尺；

3. 刀具：外圆车刀（可使用合金车刀和白钢刀）和倒角车刀（如图 3-12 和图 3-13）。

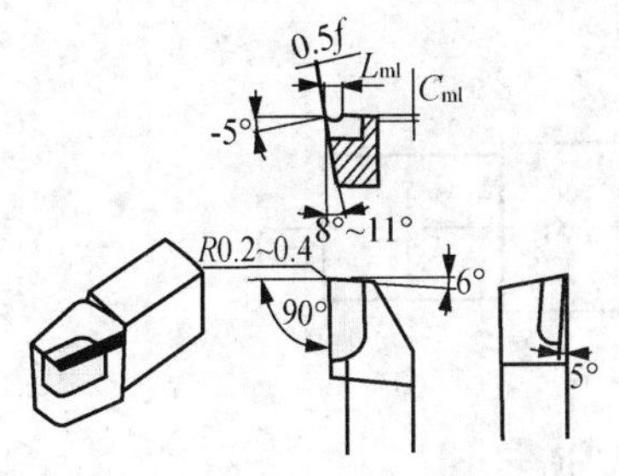

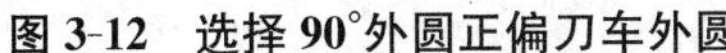

图 3-12　选择 90°外圆正偏刀车外圆

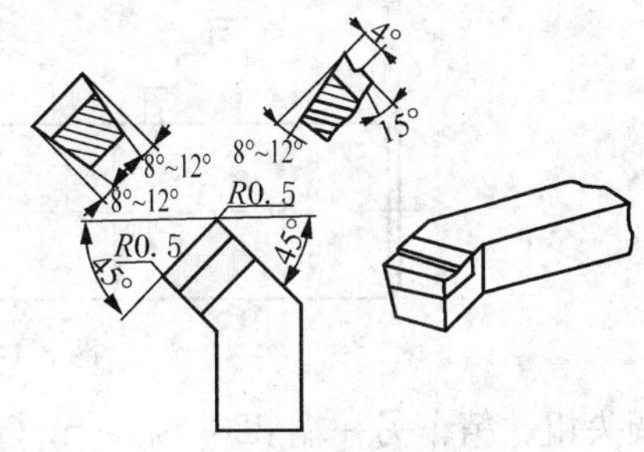

图 3-13　45°偏刀车端面、倒角

4. 刀具安装。车刀在刀架上伸出部分应最大限度保证其刚性，一般伸出长度是刀体厚度的（1 ～ 1.5）倍。

车刀刀尖应与工件中心等高，方法有以下几种：

①用钢板尺测量（根据机床技术规格）；

②根据尾座顶尖高低测量（刀尖高度与尾座顶尖高度相同）；

③先目测车刀高低再通过车削端面调整车刀。

5. 工件的安装。用三爪卡盘安装工件必须考虑因卡盘长期使用而自动磨损精度的自然耗损，卡盘已失去应有精度的现实，所以工件必须校正。

一般粗车可用目测或划线针找正。

三、车削加工及工艺分析

台阶轴由外圆、台阶、端面、中心孔等要素组合而成，常态下它的加工分为粗车和精车，而且粗、精车所选择的切削用量有着明显的区别。为此，加工中要注意以下几点。

（1）工件应分三次装夹完成粗车，即先粗车轴的一端，然后粗、精车轴的另一端，最后精车另一端，其目的是避免因切削力过大造成的工件变形；

（2）车削台阶轴首先要确定先车工件哪一端，一般先车直径较大的一端以保证轴在加工中有足够的强度；

（3）如果轴两端有较细的轴径，一般要放到最后加工以保证工件的刚性；

（4）在车削台阶轴时度量每一处台阶长度的测量基准应与设计基准重合，必须以基准为测量的起点，不然将出现累计误差过大而造成报废；

（5）一夹一顶车削台阶轴是轴类零件加工的基本特征，一夹指三爪卡盘夹持的部位是夹头部分；一顶指尾座活顶尖顶另一端中心孔，此种装夹确保了轴两端最大限度的同轴；

（6）轴类零件加工的定位基准通常选用中心孔，中心孔的特性：

①工艺性能优越、方便、精度高；

②通用性能良好；

③在车削轴类零件特别是长轴工件时有着不可替代的工艺保证。

四、加工步骤及切削用量

1. 采用一夹一顶，分别粗车一端外圆至 ø28.5mm，ø24.5mm（留 0.5mm 精车）。$n=202\text{r/min}$，$f=0.2\text{mm/r}$。

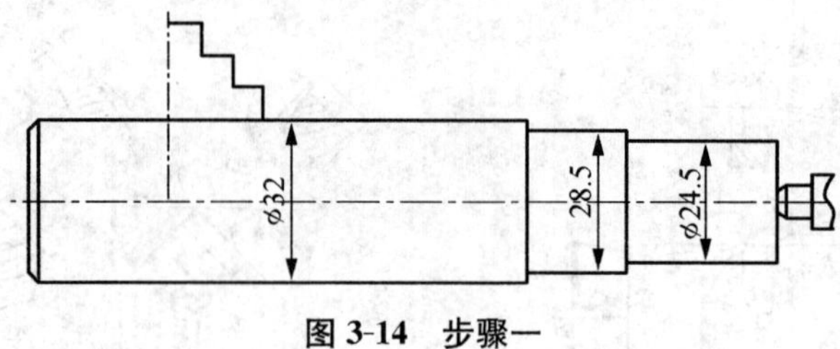

图 3-14　步骤一

2. 调头粗、精车另一端 $ø28_{-0.039}^{\ 0}$ mm（如图 3-15 所示）；

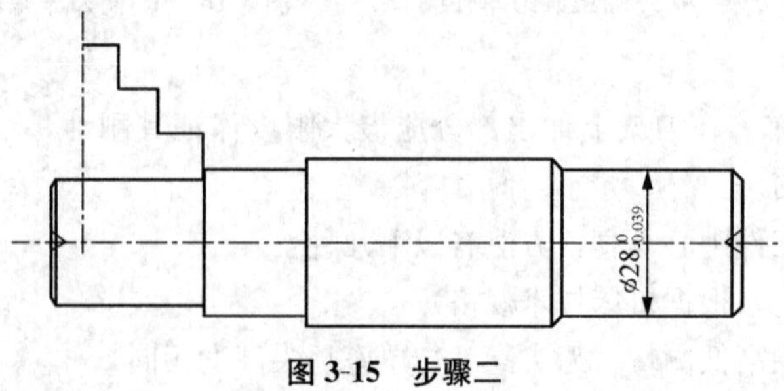

图 3-15　步骤二

选择 $n=298$r/min，$f=0.4$mm/r 粗车；

选择 $n=44$r/min，$f=0.2$mm/r 精车。

3. 精车另一端至 $ø24_{-0.039}^{\ 0}$ mm、$ø28_{-0.039}^{\ 0}$ mm 达到图纸要求。

选择 $n=44$r/min，$f=0.2$mm/r。

如图 3-16 所示（定刀，可采用切断刀精车）。

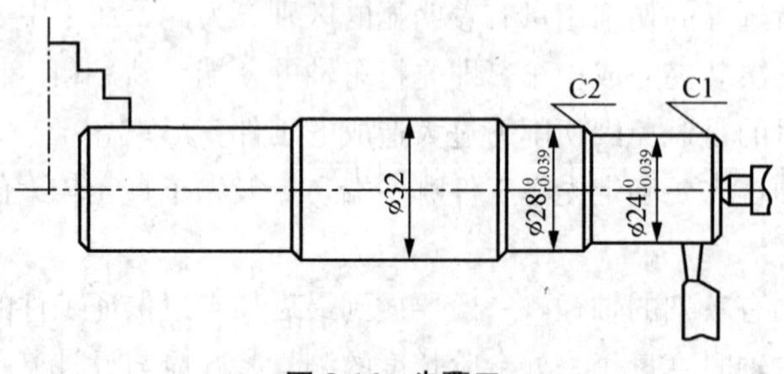

图 3-16　步骤三

课题六　轴类零件的工艺禁区——“抄手”车削

抄手（车工俗语），是指当零件车完一端外圆后调头车另一端外圆时，三爪卡盘夹持的部位与后续车削的外圆表面的轴心线处于不同轴状态。

一、零件图样

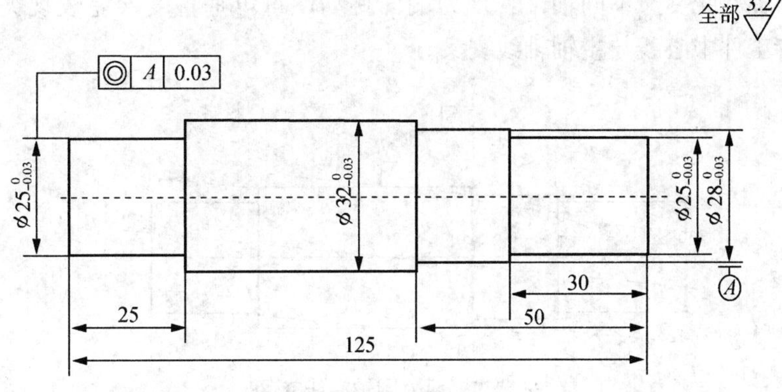

图 3-17　零件图样

二、抄手车削的表现形式

工步①：夹左端 10mm 顶右端中心孔车 ø32mm、ø28mm、ø25mm，外圆留 0.5mm 精车余量，车好台阶 50mm、30mm（如图 3-18（a）所示）；

工步②：夹 ø32.5mm 处校正粗精车另一端 $ø25_{-0.03}^{\ 0}$mm（如图 3-18（b）所示）。

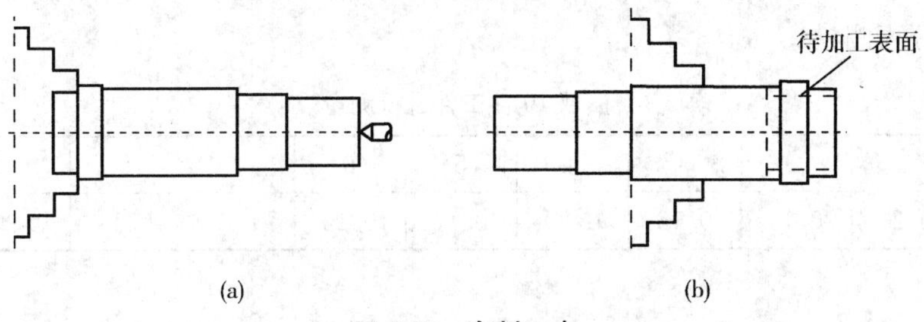

图 3-18　车削工步

三、车削工艺分析

工步②的装夹方法称为抄手装夹，车出的 $ø25_{-0.03}^{\ 0}$mm 外圆与 $ø32_{-0.03}^{\ 0}$mm 外圆不同轴，其状态存在以下两种情况：

1. 两外圆的轴心线平行错位，不同轴表现为径向跳动严重，如图 3-19 所示。

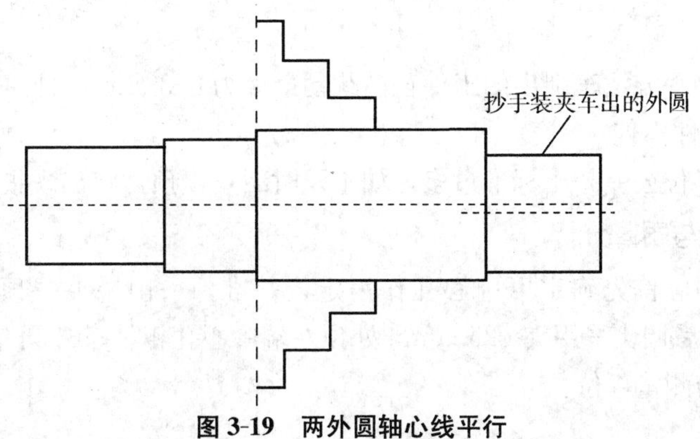

图 3-19　两外圆轴心线平行

产生问题的原因：① 机床误差；② 卡盘、机床、装夹等综合误差。

2. 两外圆轴心线交叉不同轴，表现为端面跳动严重，垂直度误差表现突出，如图 3-20 所示，夹持工件中心线与主轴轴线交叉。

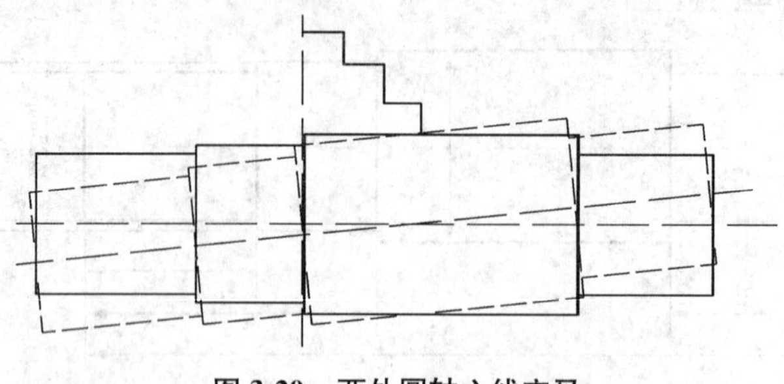

图 3-20　两外圆轴心线交叉

① 旋转状态在校正后旋转呈螺旋状，工件端面呈摆动式旋转；

② 车削端面将出现马蹄形，产生端面跳动误差。

四、质量分析

1. 外圆径向跳动的测量部位为 ø32mm 外圆 ø28mm 方向，工件支撑在水平台上的 V 形架上用百分表测量。

表 3-1　抽取 10 件工件进行测量　　单位：mm

编号	1	2	3	4	5	6	7	8	9	10
数值	0.20	0.15	0.12	0.20	0.17	0.12	0.13	0.14	0.33	0.18

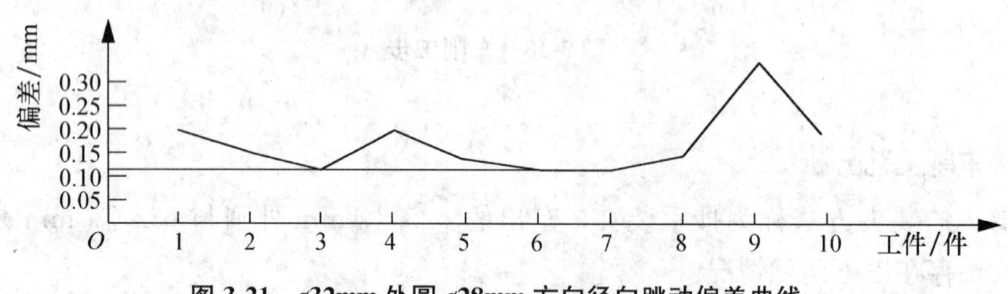

图 3-21　ø32mm 外圆 ø28mm 方向径向跳动偏差曲线

2. 曲线分析。

① 此种利用抄手方法车削出的工件径向跳动最大为 0.33mm，且曲线起浮较大，说明此种方法质量稳定性不佳；

② 未注部分形位公差超出标准过多，如不及时纠正，预计将出现批量报废的可能。

五、工艺对比与质量分析

1. 零件的车削应首先确定以中心孔作为定位基准，采用一夹一顶的方式进行加工，当车完右端各尺寸后调头采用夹 ø25.5mm 处顶左端中心孔粗精车外圆 ø$25_{-0.03}^{\ 0}$mm。

2. 测量方式与测量部位。

① 测量方式用两顶尖顶中心孔；

② 测量部位为 ø32mm 外圆径向跳动。

表 3-2　抽取 10 件工件进行测量　　单位：mm

编号	1	2	3	4	5	6	7	8	9	10
数值	0.04	0.02	0.03	0.04	0.06	0.04	0.02	0.05	0.02	0.03

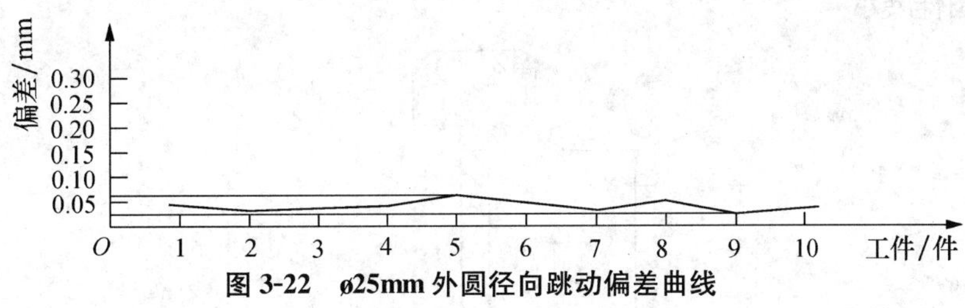

图 3-22　ø25mm 外圆径向跳动偏差曲线

3. 曲线分析。

① 理论上讲此种工艺加工的被测部位曲线坐标应基本确定为直线，径向跳动误差小于 0.06mm；

② 由于机床活顶尖等原因表现出较小的曲线波动，但仍然可以看到加工质量是十分稳定的；

③ 整体形位状态在未注公差范围处于较理想状态。

模块四　切槽与切断

一、图样展示

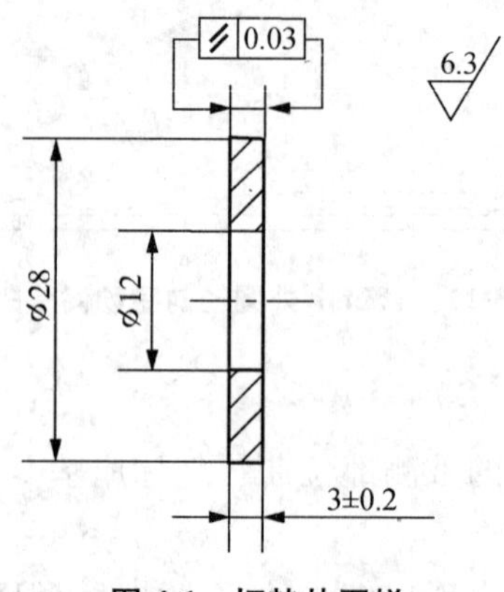

图 4-1　切垫片图样

二、图样分析

1. 零件形状简单，精度要求不高；
2. 垫片厚度 3±0.2mm，有平行度要求，需一次装夹完成；
3. 两端面粗糙度 Ra 6.3μm；
4. 完成零件加工的重点难点是切刀的刃磨及安装；
5. 可利用废料加工垫片。

三、准备工作

1. 刀具：90°正偏刀（刀具材料 YT15）；
   45°偏刀（刀具材料 YT15）；
   切断刀（刀具材料 W18Cr4V）。
2. 材料利用废料获得。
3. （0～150）mm 游标卡尺。
4. 冷却液。
5. 要求每人加工垫片 3 件。

四、车削加工过程（刀具材料 W18Cr4V）

切断刀的基本特点：

（1）工件切断时切刀被零件切屑包围，散热条件差，排屑困难；
（2）切断刀的切屑刃因散热不良容易磨损，降低表面精度；
（3）切断刀刀头一般长而窄，强度低，容易扎刀和折断；

(4) 切断工件切削用量不宜过大；

(5) 切断刀刀体太长容易引起振动使刀体折断，一般情况可用下列公式计算

$$L = (n+2)\text{mm}$$

式中，L 为刀体长度，单位 mm；

n 为切入深度，单位 mm。

(6) 切刀的安装

① 不宜伸出过长，两副偏角必须对称。

② 切刀底面必须平稳，因此，刃磨前需修正底面以保证其平直。

(7) 切屑形状及排出方向对切刀的寿命和生产效率影响很大，因此，掌握切屑形状和流出方向十分重要。

① 用切断刀切削中碳钢类工件时，若切屑成“发条状”卷曲，说明切刀圆弧过小，排屑将出现困难，发条状越紧越密越容易扎刀，应立即停车重新磨刀。

② 切屑成不规则带状向已加工表面下方流出并伴有“刺刺”的声音，说明主切削刃水平方向倾斜太多。

③ 理想的切屑是成直线状并随重量距离增加，卷成飘带形排出。

五、切断刀的刃磨

1. 刃磨要求

(1) 切断刀两侧的副偏角、副后角要保持对称；

(2) 主切削刃要平直，前刀面要磨出圆弧卷屑槽；

(3) 为提高切断刀的强度，一般刀体制成鱼肚形状；

(4) 切断刀的卷屑槽不宜磨得太深，一般为（0.5～1.5）mm，卷屑槽太深最容易因切屑排出受阻而断刀；

(5) 图示如图 4-2 所示。

①刀头长度 $L=(n+2)\text{mm}=11\text{mm}$　　②切刀宽度 3mm

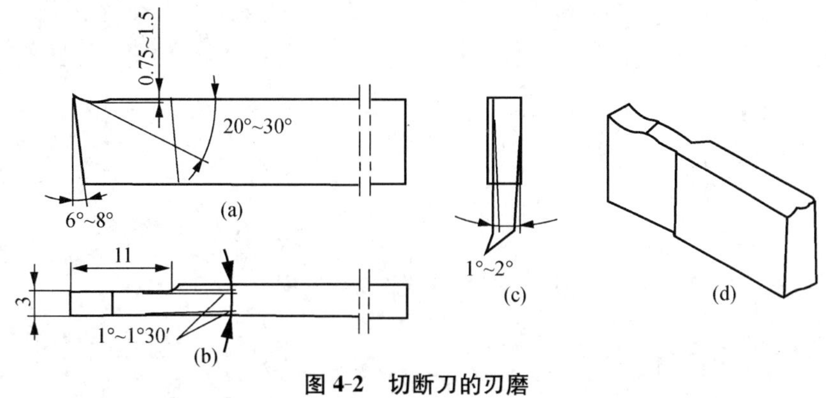

图 4-2　切断刀的刃磨

2. 切断刀刀头宽度选择

切断刀刀头太宽会因接触面过大而产生振动，刀头太窄会因强度太差而引起切刀折断。

表 4-1 切断刀刀头宽度的选择

工件直径（mm）	ø15	ø15～ø25	ø25～ø35	ø35～ø45	ø45～ø55	ø55～ø65
刀头宽度（mm）	2	2.5	3	3.5	4	4.5

六、加工步骤

1. 夹毛坯伸出长度 40mm，车端面、车外圆 ø28mm；

用料长度＝（垫片件数×垫片宽度）＋（切刀槽数×切刀宽度）＋不可预测数

2. 打中心孔，选择 ø12mm 钻头钻孔；

3. 首先将小刀架刻度调到零点位置，用切刀在工件端面纵向进刀，车端面，退刀后摇小刀架确定垫片厚度切垫片；

4. 小刀架摇动距离＝切断刀宽度＋垫片厚度。

七、切削用量的选择

1. 车外圆、车端面选择 $n=475$r/min；

2. 进给量（又称走刀速度）$f=0.24$mm/r；

3. 吃刀深度 $a_p \approx 3$mm（根据材料选定）；

4. 钻孔选择 $n=202$r/min；

5. 切断选择 $n=475$r/min，走刀速度选择 $f=0.11$mm/r。

模块五　车削内外圆柱面

在众多机械零件加工中，各种轴套、齿轮内孔、V带轮孔，通常都是在车床上通过钻孔、扩孔、铰孔、车孔、镗孔等加工手段完成。

课题一　车削导套、模柄

一、图样展示

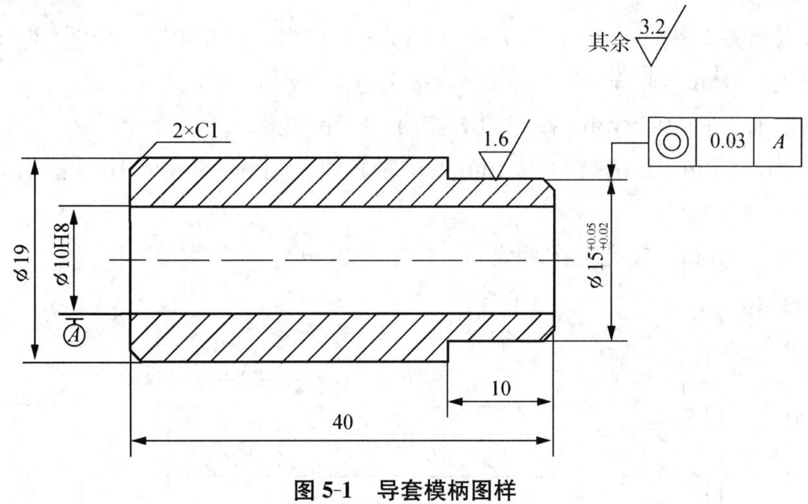

图 5-1　导套模柄图样

二、图样分析

1. 导套有两处精度公差，一处形位公差；

2. ø 10H8 孔为动配合孔，$ø15^{+0.05}_{+0.02}$ 是以基孔制为基准的过盈配合。

3. 孔径较小，须用铰刀铰孔完成；

4. 知识点是钻孔中钻头的刃磨及扩孔和铰孔；

5. 重点是 $ø15^{+0.05}_{+0.02}$mm 过盈配合的公差控制。

三、钻孔、扩孔、铰孔

1. 钻头的刃磨

①由于 ø10H8 孔孔径较小，常采用铰孔方法，而钻孔是重要的一步；

②钻头钻孔时，由于横刃较长，造成轴向切削力较大，钻削困难，常磨成短横刃。

2. 用麻花钻扩孔

① 由于扩孔时钻头横刃不参加切削，轴向切削力小，加之钻头前角大，钻孔时十分容易出现扎刀现象，为此要求扩孔时尾孔手柄进刀要十分小心，要慢且均匀；

② 扩孔是铰孔前的重要工序，相当于车孔时的半精车，为此扩孔的表面粗糙度要求达到 Ra 3.2μm；

③ 扩孔时应为铰孔留余量 0.2mm，因此，扩孔时钻进 1mm 后退出钻头，停车测量孔径，防止因扩孔钻磨偏或摆动过大而造成余量小而报废。

3. 铰孔

① 将铰刀的前端导向部分插入孔端后顶尖顶铰刀中心孔，将车床调到最慢转速；

② 孔内和铰刀浇注切削油；

③ 用扳手卡住铰刀方榫，活顶尖顶中心孔，右手握尾座手轮，左手点动机床活顶尖跟进。注意活顶尖 60°不能脱开铰刀中心孔。

四、加工步骤

1. 三爪卡盘夹毛坯伸出长度（50 ～ 60）mm 车端面，打中心孔，选择 200r/min 的主轴转速车外圆 ø19mm，粗车 $ø15^{+0.05}_{+0.02}$mm，留余量 0.5mm。

2. 选择主轴转速 300r/min 钻 ø8 孔，扩 ø9.8mm 孔。

3. 精车 $ø15^{+0.05}_{+0.02}$mm。选择 200r/min 的主轴转速，用 ø9.8mm 的钻头扩孔；倒内、外角；切断。

4. 调头夹 ø19mm，铰孔至图纸要求，内、外倒角。

附：模柄加工

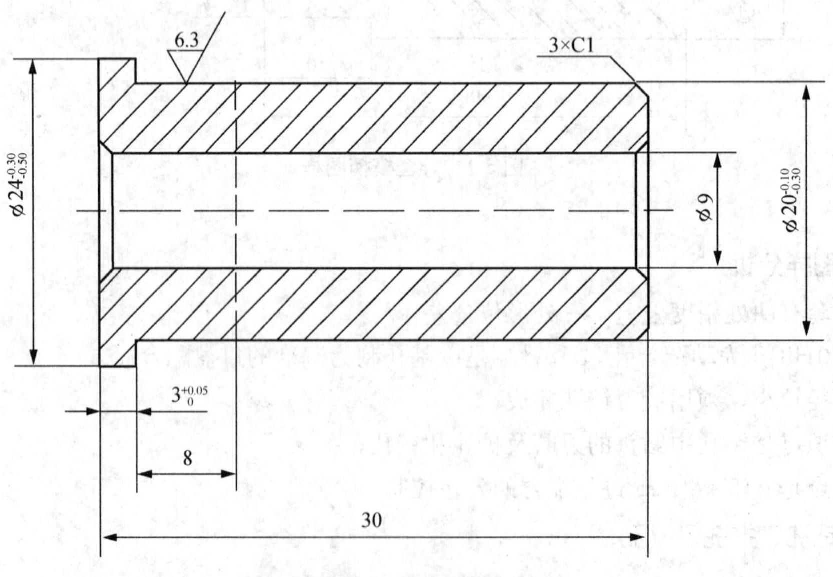

图 5-2　模柄图样

简要车削工艺：

1. 夹毛坯伸长 40mm，车端面，打中心孔，车大外圆 ø24 至图纸要求 $\phi24^{-0.30}_{-0.50}$mm；车 $\phi20^{-0.10}_{-0.30}$mm 留 0.5mm 余量；

2. 用 ø8 钻头钻孔，钻头磨成平头或群钻类型，钻孔深度 32mm；

3. 精车 $\phi20^{-0.10}_{-0.30}$mm 部位至图纸要求；

4. 要求台阶处垂直；

5. 切断；

6. 夹 $\phi20^{-0.10}_{-0.30}$mm 部位处车大端面，保证总长。

课题二　车台阶孔

内孔车削是操作人员在视线不易识查的情况下完成零件加工，因此孔的加工比外圆车削相对困难，内孔是车削加工的主要内容之一，也是车工重要的技能之一。

一、图样展示及分析

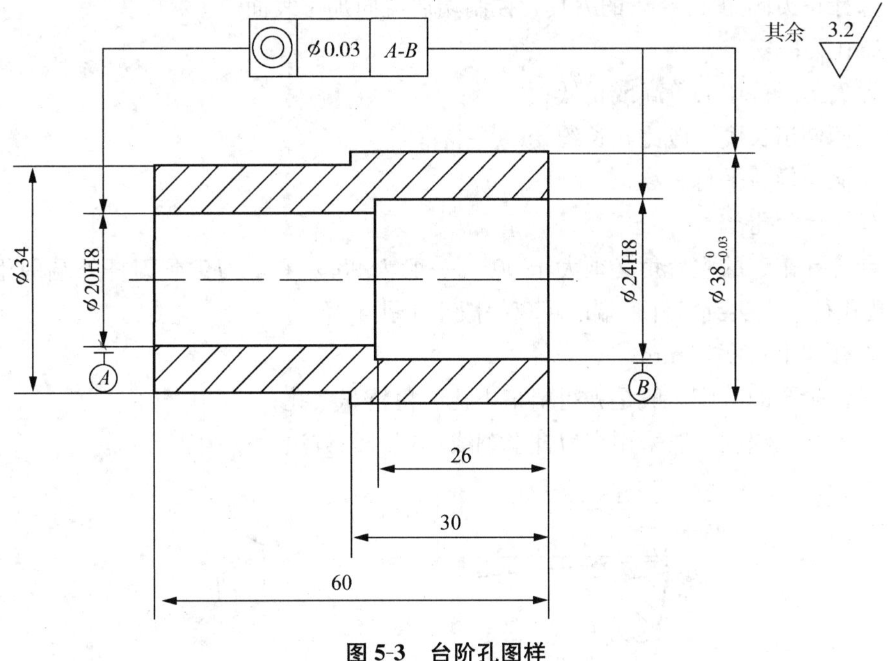

图 5-3　台阶孔图样

图样分析

1. ø20H8、ø24H8 孔与 $\phi38^{\ 0}_{-0.03}$mm 外圆有较高的同轴度要求；

2. 通孔、台阶孔和外圆应在一次装夹中完成；

3. ø20H8 孔的车削注意事项：

孔小，刀杆细，刀杆刚性差，易产生振动，而增加刀杆的截面积，选择合理刀杆形状以及较大的主偏角是完成孔加工的重要思考方向。

二、车孔的关键点

1. 刀杆的刚性问题。

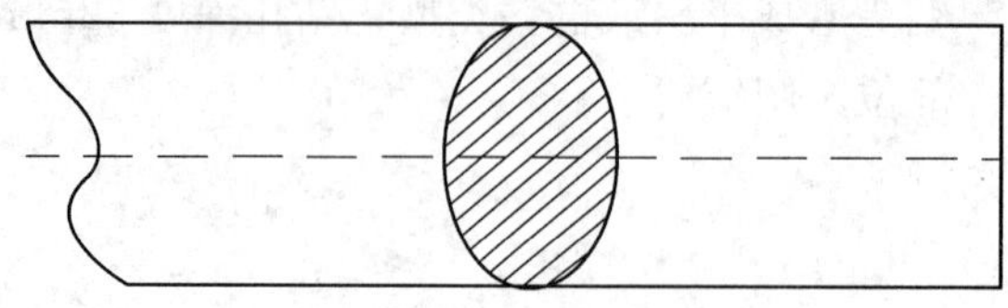

图 5-4　刀杆截面

① 尽量增加刀杆的截面积；

② 选择刚性好的鸭蛋圆截面形状（如图 5-4）；

③ 尽量缩短刀杆伸出长度。

2. 通孔刀的几何角度。

① 选择主偏角在 75°左右的车孔刀；

② 使用高速钢车刀，尽量选择较小的吃刀深度和走刀速度；

③ 选择正刃倾角 $\lambda_s=6°$ 的刀具，控制切屑流向加工表面。

3. 通孔刀的安装。

① 刀尖与工件中心等高或稍低；

② 刀柄伸出长度一般比孔长约 5mm 左右；

③ 刀柄与导轨平行。

4. 车削台阶孔。

① 台阶孔车刀的主偏角必须大于 90°，一般为 95°左右，刀尖到刀杆外端的距离一般小于小孔孔径，刀尖到刀杆下端的距离一般小于孔半径；

② 刀杆伸出长度 35mm；

③ 车台阶孔的顺序一般是先粗精车小孔后粗精车大孔；

④ 控制车孔深度一般采用在刀杆上刻线作记号的方法。

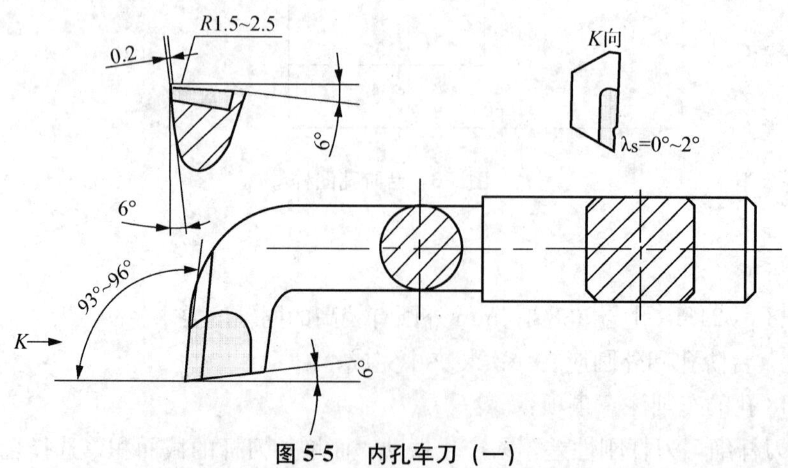

图 5-5　内孔车刀（一）

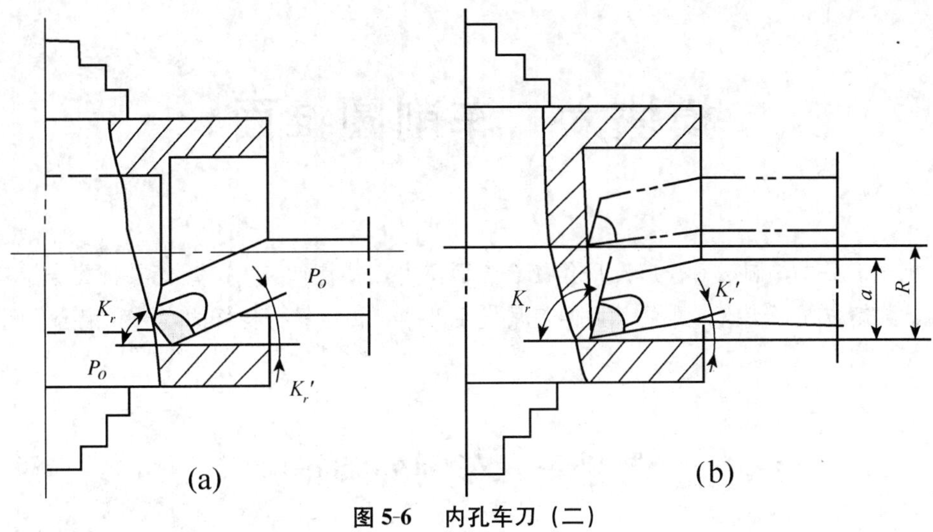

图 5-6　内孔车刀（二）

三、加工工艺与切削用量

1. 三爪卡盘夹毛坯伸出长度 35mm，车端面、车外圆 ø38mm 留余量 0.5mm；

2. 调头夹 ø38mm 处外圆车总长，车外圆 ø34mm；

3. 调头夹 ø34mm 外圆车端面，打中心孔，用 ø18 钻头钻孔，粗精车 ø20H8、ø24H8、ø$38_{-0.03}^{\ 0}$mm；

4. 调头垫铜皮夹 ø$38_{-0.03}^{\ 0}$mm，车 ø34mm 外圆、总长，倒内、外角。

四、切削用量的选择（使用硬质合金刀具）

1. 选择 $n=500$r/min 转速车端面、车外圆 ø38，选择 $n=300$r/min 转速用 ø18 钻头钻孔，$f=0.24$mm/r；

2. 选择 $n=500$r/min 转速，$f=0.24$mm/r 车余量外圆，最后精车 ø38 外圆，可选择 $n=700$r/min；

3. 车通孔可选择 $n=202$r/min 左右，台阶孔可选择 $n=300$r/min 左右。

模块六　车削圆锥面

在机械产品中，圆锥面被广泛用作配合表面使用，其特点应用广泛，具有配合紧密、定位准确、装卸方便等优点，即使长时间使用发生磨损，仍能保持良好的定心和配合作用。

课题一　车削外圆锥

一、图样展示及分析

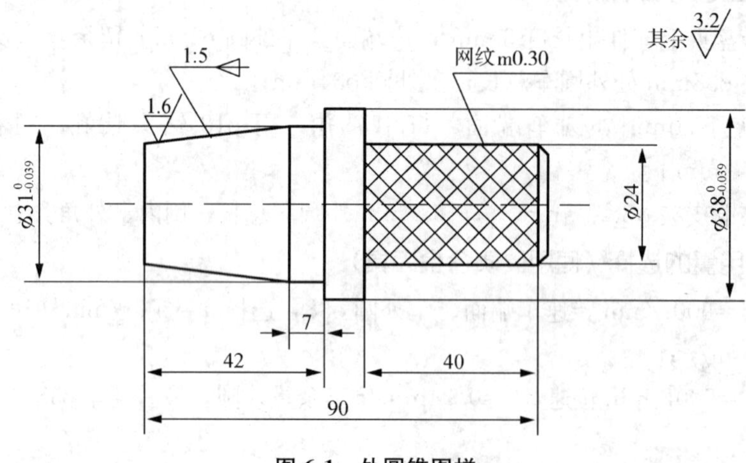

图 6-1　外圆锥图样

图样分析

1. 外圆锥锥度 1∶5；

① 圆锥角 $\alpha=11°25'16''$（标准锥度）。

② 圆锥半角 $\frac{\alpha}{2}=5°42'38''$（小刀架转动角度）。

③ 适用于易拆卸的连接，如砂轮机主轴。

2. 网纹 $m_x=0.30$mm 滚花；

3. 难点是保证圆锥粗糙度，母线要直，常用低速走刀完成。

二、准备工作

1. 材料准备：ø40 × 92mm；

2. 滚花刀、90°偏刀、光刀、（17－19）开口扳手、游标卡尺。

三、熟悉锥度标准

表 6-1　莫氏锥度标准

莫氏锥号	锥度			圆锥角
	公称尺寸	偏差		2α
		外圆锥	内圆锥	公称尺寸
0	1：19.212=0.052 05	0.0005	-0.0005	2°58′54″
1	1：20.047=0.049 88	0.0004	-0.0004	2°51′26″
2	1：20.020=0.049 95			2°51′41″
3	1：19.922=0.051 94	0.0003	-0.0003	2°51′32″
4	1：19.254=0.051 94			2°58′31″
5	1：19.002=0.052 63	0.0002	-0.0002	3°0′53″
6	1：19.18=0.052 14			2°59′12″

表 6-2　常用标准圆锥的锥度

锥度 C	圆锥角 α	圆锥半角 α/2	应用举例
1∶4	14°15′	7°7′30″	车床主轴法兰及轴头
1∶5	11°25′16″	5°42′38″	易于拆卸的连接，砂轮主轴与砂轮法兰的结合，锥形摩擦离合器等
1∶7	8°10′16″	4°5′8″	管件的开关塞、阀等
1∶12	4°46′19″	2°23′9″	部分滚动轴承内环锥孔
1∶15	3°49′6″	1°54′23″	主轴与齿轮的配合部分
1∶16	3°34′47″	1°47′24″	圆锥管螺纹
1∶20	2°51′51″	1°25′56″	米制工具圆锥，锥形主轴
1∶30	1°54′35″	0°57′17″	锥柄的铰刀和扩孔钻与柄的配合
1∶50	1°8′45″	0°34′23″	圆锥定位销及锥铰刀

四、车外圆锥方法

圆锥体既有角度要求又有尺寸精度要求，一般的加工首先保证圆锥角度，再保证尺寸精度。

1. 用转动刀架方法车外圆锥

① 根据工件图样查表找到圆锥半角 $\alpha/2$，即小刀架转动的角度；

② 用扳手松开转盘螺母，逆时针转动小滑板刀架 5°42′38″；

③ 车刀的安装必须对准工件回转中心，精车应使用光刀，以保证母线直线度要求；

④ 车削圆锥外圆也要分粗车和精车，一般的方法是先按照圆锥大端直径将工件车成圆柱体，然后用 90°外圆车刀粗车圆锥面，留精车余量（0.5～1）mm，再用光刀低速精车

圆锥面，表面粗糙度达到 Ra 1.6μm 。

2. 圆锥角的检测

（1）粗车锥面进入套规 1/2 以上时，开始检测圆锥角；

（2）手握住套规做上下摆动，根据间隙的端位定调整方法，大端有间隙说明锥角小，小端有间隙则说明锥角大；

（3）圆锥面的精车；

首先确定留（0.5～1）mm 精车余量时，a 值是多少？

$$a_p = a \times \frac{c}{2}$$

$$\begin{aligned} a &= 0.25 \div \tan\frac{\alpha}{2} \\ &= 0.25 \div 0.1 \\ &= 2.5\text{mm} \end{aligned}$$

即留（0.5～1）mm 精车余量在轴线方向的长度在 5mm 以内；

（4）采用光刀从大端向小端车削可确保质量安全。

3. 车外圆锥小端直径的提示作用

（1）国标和莫氏锥度标准中规定锥度以大端直径为基准，测量也以大端直径为依据，而在车削过程中一般车削外锥面的规律是从右端小头开始，为防止因 a_p 过大而造成报废，应先计算出小端直径作为参考，以确定小头车削的进刀深度 a_p 值。

（2）图样 1∶5 锥度为常用标准锥度。

小端直径的计算：

$$d = D - c \cdot l = 31 - \frac{1}{5} \times 35 = 24\text{mm}$$

① 小头外圆吃刀深度 a_p 值　$a_p = \dfrac{D-d}{2} = 3.5\text{mm}$

留 1mm 精车余量，取 $a_p = 2.5\text{mm}$

② 用粉笔在刻度盘上划标记，确定 $a_p = 2.5\text{mm}$ 的具体位置。

五、注意事项

1. 车刀必须对准工件旋转中心，避免产生双曲线（母线不直）误差。

2. 车圆锥体前对圆柱直径的要求，一般应按圆锥体大端直径留余量 1mm 左右。

3. 车刀刀刃要始终保持锋利，工件表面应一刀车出。

4. 应两手握小滑板手柄，均匀移动小滑板。

5. 粗车时，进刀量不宜过大，应先找正锥度，以防工件车小而报废。一般留精车余量 0.5mm。

6. 用角度尺检查锥度时，测量边应通过工件中心。用套规检查时，工件表面粗糙度要小，涂色要均匀，转动量一般正反各旋转半圈。

7. 车削前要适当调整小滑板，以使小滑板在车削过程中能起到良好的车削效果。

六、车削步骤

1. 夹毛坯，伸出长度 50mm，车好 ø38mm 外圆，车 ø31mm（留 1mm 余量），车台阶长 42mm；

选择转速约 $n=500\text{r/min}$，走刀速度 $f=0.24\text{mm/r}$。

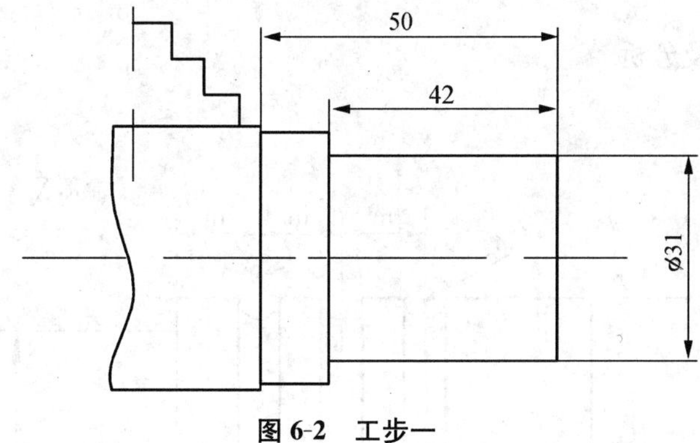

图 6-2　工步一

2. 调头夹 ø31mm，外圆车 ø24 滚花（$n=90\text{r/min}$）。

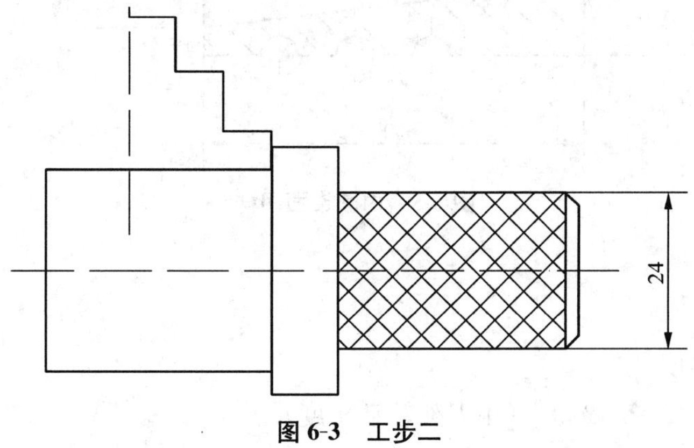

图 6-3　工步二

3. 夹 ø24mm 滚花处（垫铜皮），车锥度。

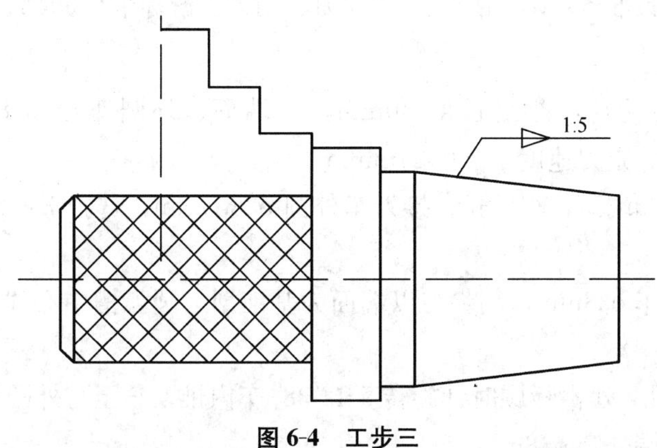

图 6-4　工步三

课题二　车削内圆锥面

一、图样展示及分析

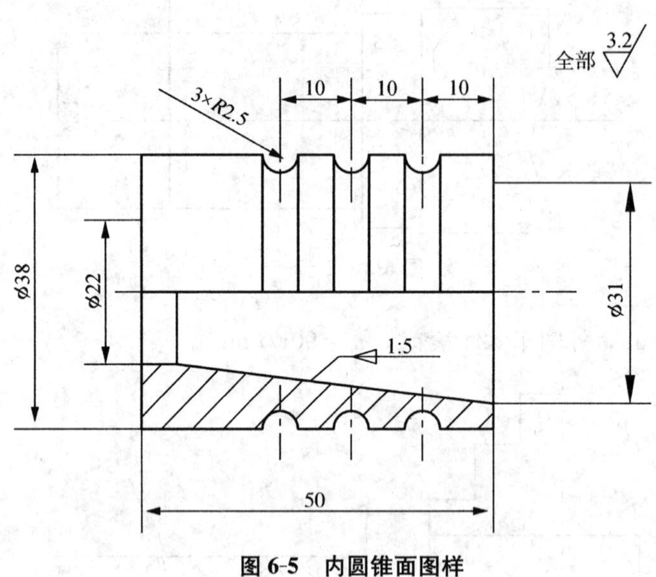

图 6-5　内圆锥面图样

图样分析

1. 内圆锥，锥度 1：5；

2. 圆锥半角 $\alpha/2=5°42'38''$（小刀架转动角度）。

二、准备工作

1. 下料：ø40×55mm。

2. 工量具、刀具准备：ø18 钻头、90°偏刀、切刀、游标卡尺、R 2.5 成型刀。

三、车削步骤

1. 三爪卡盘夹毛坯，伸出长度 40mm，车端面、外圆车至 ø38.5mm，选择 $n=$ 500r/min 主轴转速，走刀速度 $f=0.24$mm/r 。

2. 调头车另一端端面，车总长、接刀车外圆 ø38.5mm；选择 $n=500$r/min 转速。打中心孔。

3. 一夹一顶精车 ø38mm，用尖刀以端面为基准划三圆弧槽中心线，用 R 2.5 成型刀车圆弧槽。

4. 钻 ø20mm 孔，小滑板顺时针旋转 5°42′38″ 车内锥，车至与外圆锥配合。

5. 调头车另一端外圆 ø38mm。

选择 $n = 202$r/min 主轴转速，走刀速度 $f = 0.24$mm/r 。

四、车削图示

1. 夹毛坯伸长 40mm，车平端面，粗车外圆至 ø38.5mm；

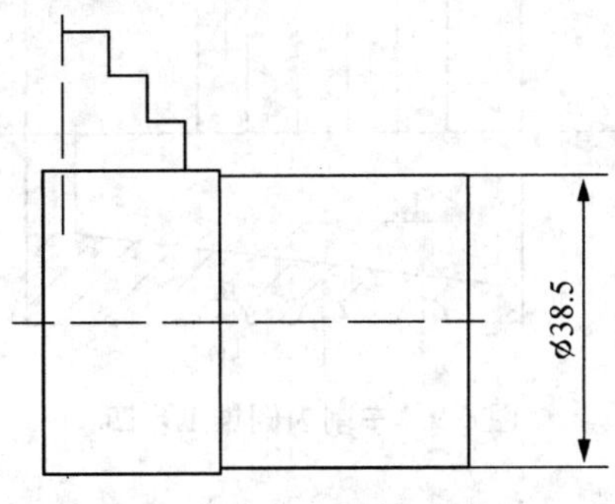

图 6-6　车削内圆锥工步一

2. 夹 ø38.5mm 外圆粗车另一端外圆（接刀）车总长，打中心孔；

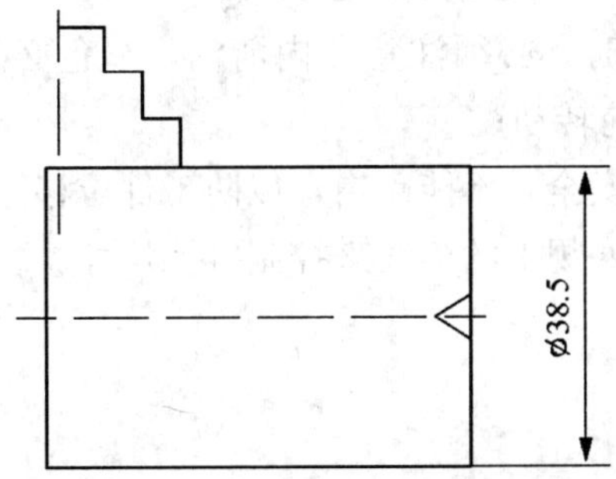

图 6-7　车削内圆锥工步二

3. 一夹一顶粗车 ø38mm，车 R 2.5；钻孔 ø20mm，车锥孔；

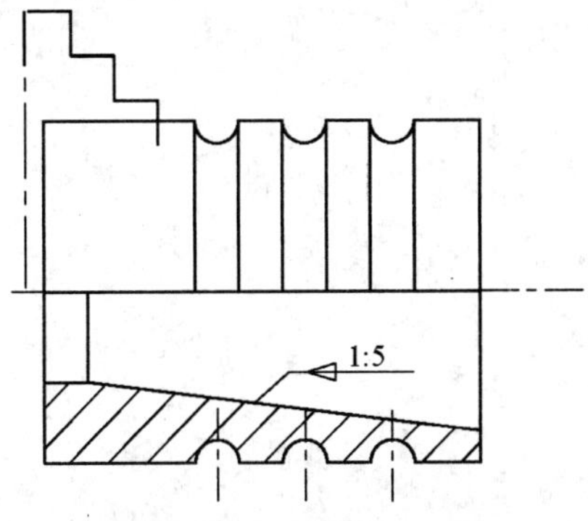

图 6-8　车削内圆锥工步三

4. 调头车另一端 ø38mm，车孔 ø22mm。

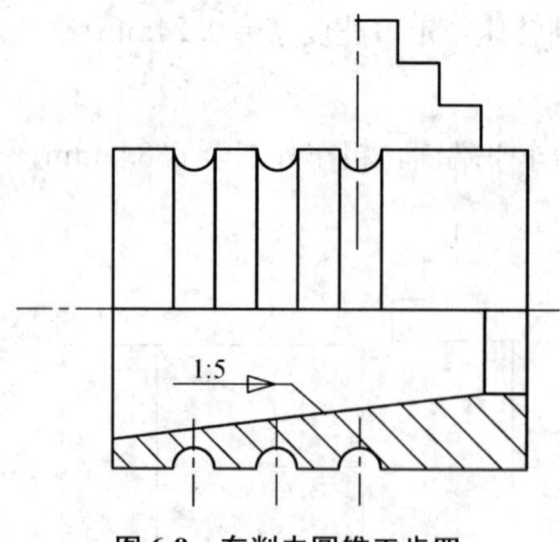

图 6-9 车削内圆锥工步四

五、注意事项：

1. 选用刚性较好的内圆锥车刀，车刀刀尖必须严格对准工件中心；

2. 粗车时不宜进刀过深，应大致校准锥度；

3. 用圆锥塞规涂色检查时，必须注意孔内清洁，显色必须涂在圆锥塞规表面，转动量在半圈之内且可沿一个方向转动；

4. 取出圆锥塞规时注意安全，不能敲击，以防工件位移；

5. 精车锥孔时要以圆锥塞规上的刻线来控制锥孔尺寸。

模块七　车削成形面

课题一　用双手控制法车削圆球

一、图样展示

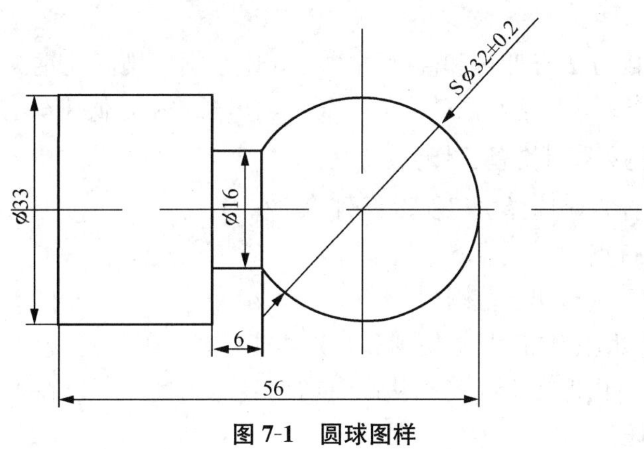

图 7-1　圆球图样

二、图样分析

1. 知识点，圆球部分长度 L 的计算。

公式：　$L=\frac{1}{2}(D+\sqrt{D^2-d^2})$

式中，　L 为圆球部分长度 mm，

D 为圆球直径 mm，

d 为柄部直径 mm。

2. 重点难点：用双手控制法车削圆球是成形面车削的基本方法，主要反映中滑板与床鞍的合成运动。

3. 车刀的轨迹分析。

① 车圆球时机床纵横向进给移动速度对比分析：当车刀从 a 点出发通过 b 点至 c 点，纵向进给的速度是快—中—慢，横向进给的速度是慢—中—快，即纵向逐步地减慢，横向逐步加快。

② 车单球手板时，一般先车圆球直径 D 和柄部直径 d 及长度 L，留精车量 0.2mm，然后用 $R2$ 左右的小圆弧刀从 a 点(即最高点)向 b 点和 c 点切削，车刀的运动轨迹应与圆球曲线重合。

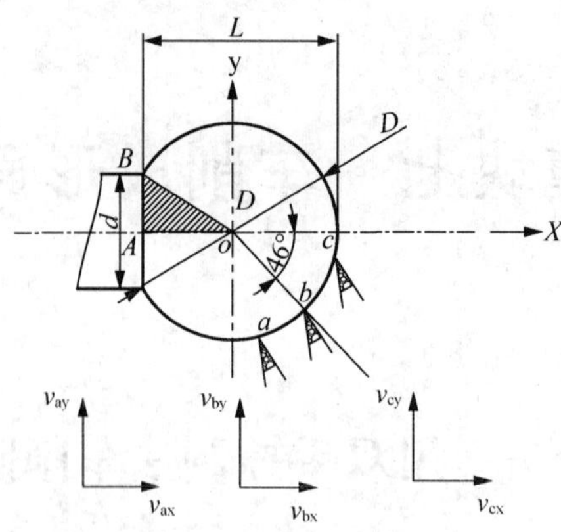

图 7-2　车刀轨迹

4. 成形面的车削方法有低速和高速两种，低速车削使用高速钢圆头车刀，高速车削使用硬质合金圆头车刀，低速车削效率低，而高速车削效率是低速车削的几倍。

三、圆球车刀的刃磨（准备工作）

1. 圆球刀的选择，应选择主切削刃为圆头的车刀。

2. 圆头车刀的特点。

① 圆头车刀的切削刃切削范围大；

② 圆头车刀之切削刃同时具备切削和修光功能；

③ 圆头车刀可自由地在 180°范围从高点向两半球切削，可以在不换刀的情况下一次完成圆球全部切削任务。

3. 刀具材料选择（YT15）及圆头刀的几何角度。

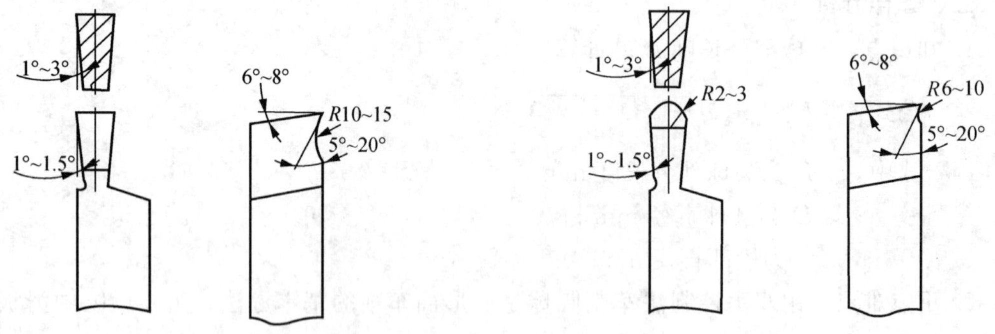

图 7-3　圆头刀的几何参数

4. 切槽刀（材料 YT15）。

$$切刀宽度\quad a=(0.5\sim0.6)\sqrt{d}$$

式中，d 为待加工表面直径。

四、车削工艺

1. 三爪卡盘夹毛坯伸出长 50mm 夹紧，车平端面，车外圆至 ø33，长 26mm；

2. 调头夹 ø33mm（垫铜皮）处，车总长 36mm，外圆车至 ø32.2mm，切槽 ø16.5mm，宽 6mm；

3. 采用双手配合法进行车圆球，并用样板进行测量，直至工件车削合格。

五、切削用量的选择

1. 车端面、车外圆、切槽、车圆球选择 230r/min 左右的转速；

2. 选择 160r/min 左右的转速用锉刀修光，用 500r/min 抛光。

六、车削示意图

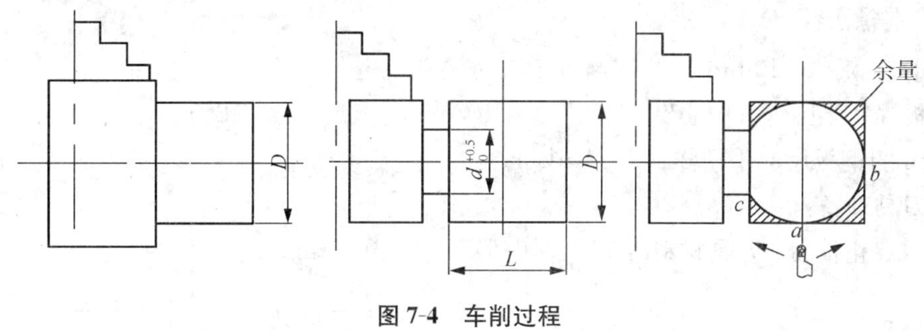

图 7-4　车削过程

七、注意事项

1. 用双手控制法车削圆球，双手配合应协调，车刀切入深度要控制准确，防止局部车小；

2. 车削圆球时要培养目测球形的能力，同时要不间断地用样板比对找出重点；

3. 车削圆球时应从曲面高点向低点进刀，为了增加工件的强度应先车削离卡盘远的曲面段，后车削离卡盘近的曲面段；

4. 锉削时用力不要过大，转速不宜过高，不准用无柄锉刀。

课题二　用双手控制法车削手摇柄

一、图样展示

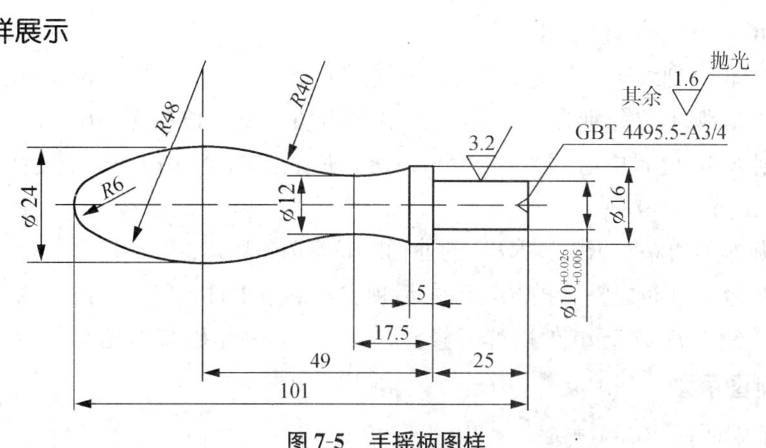

图 7-5　手摇柄图样

二、图样分析

双手控制法的基本原理：

① 用双手控制中、小滑板或者控制中滑板与床鞍的合成运动，使刀尖的运动轨迹与零件表面素线（曲线）重合，以达到车成形面的目的；

② 实际生产中常采用的是右手操纵中滑板手柄实现刀具的横向运动（应由外向内进给）；左手操纵床鞍手柄实现刀尖的纵向运动（应由工件高处向低处进给），通过两个运动的合成来车削成形面。

三、准备工作

1. 下料 ø25×120mm 45＃钢（含 15mm 夹头）。

2. 板锉、半圆锉、中心钻/A3、（0～150）mm 卡尺、（0～25）mm 的千分尺、（0～150）mm 的钢板尺、手柄样板、0＃砂布。

3. 刀具准备：

（1）90°正偏刀、刀具材料 YT15、切削用量 $V=0.3$mm/r 。

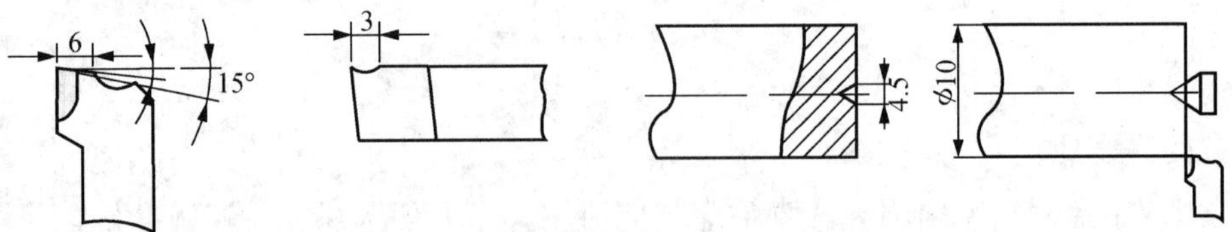

图 7-6　90°偏刀与活顶尖局部剖视

（2）中心孔锥面直径不得大于 4mm。

（3）手摇柄的车削方法有低速和高速两种，低速车削用高速钢圆头车刀，高速车削用硬质合金圆头车刀，其效率是高速钢车削的几倍。

四、车削加工与切削用量

1. 用钢板尺和卡尺检查坯料是否符合下料要求；

2. 夹毛坯外圆伸出长度 60mm，车端面，打中心孔，选择 $n=700$r/min，打中心钻 A3；

3. 三爪卡盘夹夹头 15mm，一夹一顶车大外圆至 ø24mm，以右端面为基准划总长线 103mm，划 R 40 中心位置线 44.5mm；

4. 按 44.5mm 划线车 ø16mm 外圆，划线 25mm 车 ø10mm 留 0.5mm 精车余量；

5. 用 R 2 圆弧车刀分别在 44.5mm 处沿端面切圆弧定位槽至 ø12.5mm，以 ø16mm 左端为基准划 R 48 位置中心线 49.43mm，切总长退刀槽至 ø10mm，最后随 R 6 的形成 ø10mm 车至 ø1mm；

6. 用圆弧车刀粗精车 R 40、R 48 的曲面，精车好 ø$10^{+0.026}_{+0.006}$mm；

7. 用细板锉、砂布修整、抛光，退去活顶尖，卸下工件；

8. 调头垫铜皮夹 ø10mm 处用锉刀修整 R 6 圆弧，并用砂布抛光。

五、车削图示

（1）车削端面；

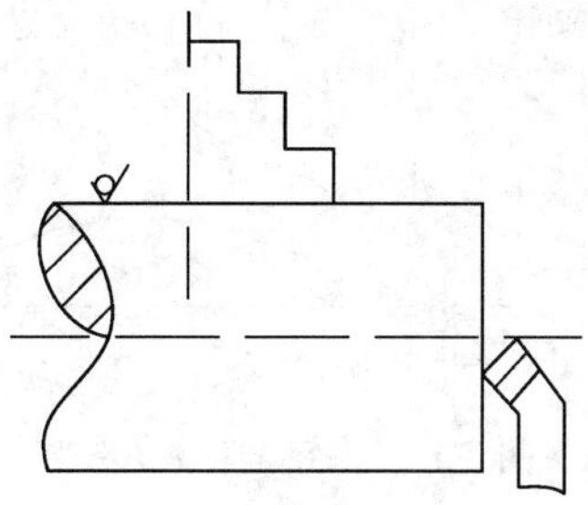

图 7-7　车手摇柄工步一

（2）粗车 ø24mm 外圆留精车余量 0.3mm，划 R 40 定位线 44.5mm，车台阶轴 ø16mm、ø10.5mm；

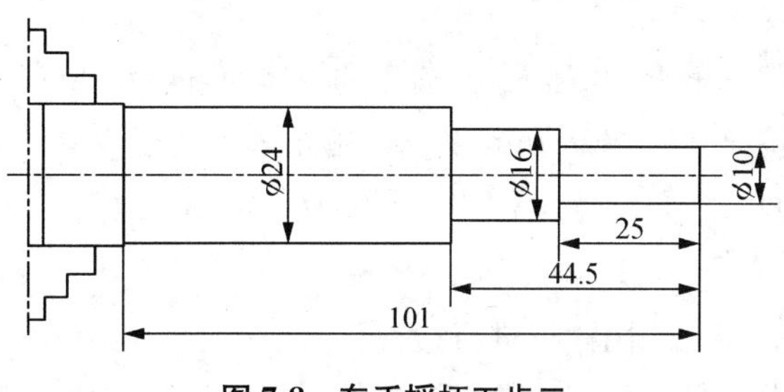

图 7-8　车手摇柄工步二

（3）切 R 40 定位中心槽、106mm 总长退刀槽，划 R48 定位中心 49.43mm 线；

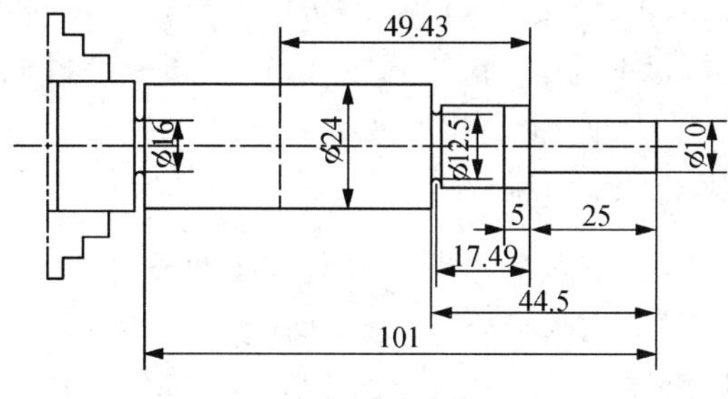

图 7-9　车手摇柄工步三

（4）车 R40、R 48 手柄；

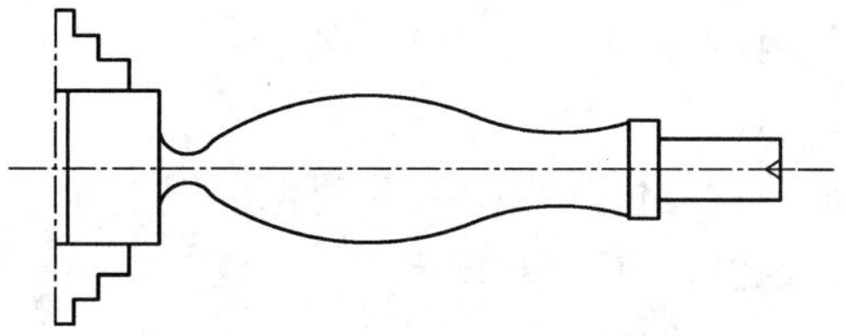

图 7-10　车手摇柄工步四

（5）锉削 R 6、抛光。

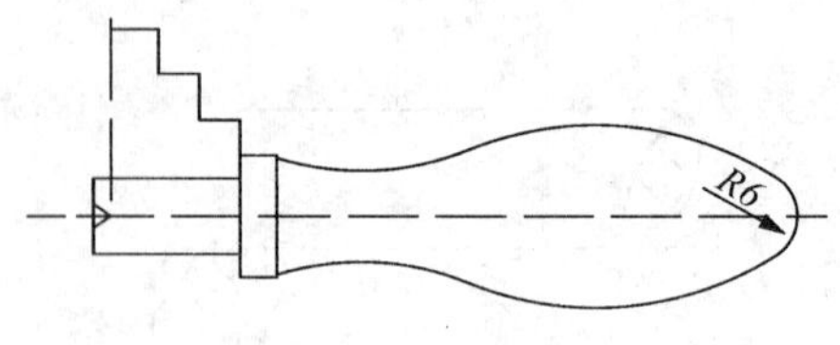

图 7-11 车手摇柄工步五

六、切削用量的选择

1. 车削台阶轴选转速 $n=(202\sim298)\text{r/min}$ 左右，进给量 $f=0.24\text{mm/r}$，分两刀车至 ø16，第一刀 $a_p=3\text{mm}$，第二刀车至 ø16mm；用一次吃刀深度 $a_p=2.5\text{mm}$ 完成 ø10.5mm 车削。

2. 定位槽、退刀槽，车 R 40 和 R 48 圆弧选择转速 $n=(200\sim300)\text{r/min}$。

3. 锉刀修整选择转速 $n=200\text{r/min}$ 以下，抛光选择转速 $n=700\text{r/min}$ 以上。

4. 高速车削曲线面选择转速 $n=(200\sim300)\text{r/min}$。

七、要点提示

1. 车削圆弧时，应多次使用样板进行检查；

2. 锉削圆弧时用平锉沿圆弧相切的方向锉削，锉削的轨迹应接近工件圆弧素线；

3. 切总长的退刀槽时，其直径大小应随 R 6 的形成而逐渐减小，最终车削至 ø5mm，切断时应先松开顶尖再切断；

4. 中心孔锥面孔径最大不得超过 4mm，避免影响偏刀的径向切入；

5. 准备工作中，正偏刀副切削刃长度确定 6mm，其主要目的是车削 ø10mm 外圆时不用转刀架，节省辅助加工时间，提高生产效率。

八、容易产生的问题及注意事项

1. 车削成形曲面时，车刀一般应从曲面高处向低处送进，为了增强工件强度，应先车削离卡盘较远的曲面段，后车削离卡盘近的曲面段；

2. 锉削时，为避免铁屑掉到床鞍导轨上，应在床鞍导轨上垫保护板或保护纸；

3. 锉削时，用左手握锉刀木柄，手不要与卡盘相碰，推锉要平稳，不能用力过猛，不准使用无柄锉刀；

4. 抛光时，不准用手指卷上砂纸进行抛光，也不准将砂布缠在工件上抛光；

5. 注重协调熟练的双手控制能力和目测能力的培养；

6. 锉削最高转速不能超过 $n=200\text{r/min}$；

7. 锉削也是一种切削，锉削过程中不要留下过深的刀痕（用力不要过大）；

8. 不间断地用圆弧样板比对工件并找出高点。

模块八　三角螺纹车削

螺纹零件是机器设备中重要的零部件之一，不但用途广泛而且加工方法有多种，如滚压、冷轧、搓丝等，其中车削螺纹是最常用的方法，也是车工重要的技能之一。

课题一　外三角螺纹车削

一、图样展示

M16－5g6g 螺纹车削，螺距 $p=2$mm。

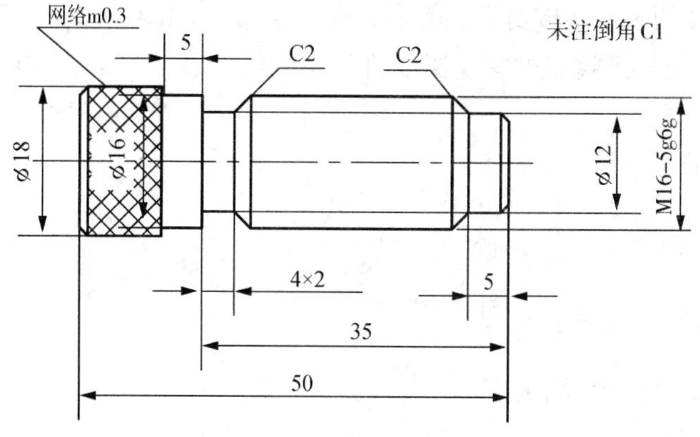

图 8-1　外三角螺纹图样

二、三角螺纹的相关知识

1. 螺纹各部分尺寸计算

大径 $d=$公称直径 16mm；

中径 $d_2=d-0.6495p=14.7$mm；

小径 $d_1=d-1.0826p=13.84$mm；

牙型高度$=0.5413p=1.0826$mm。

2. 螺纹深度与进刀格数（C6136D 车床）

（1）螺纹深度指最大牙型高度

即　$h_{1大}=0.6495p=1.3$mm。

（2）进刀格数 $h/0.02=65$ 格，或 $h/0.05=26$ 格。

3. 普通三角形螺纹与牙型高度

（1）普通三角螺纹（GB 192—63）标准规定，螺纹牙型高度分为四种：

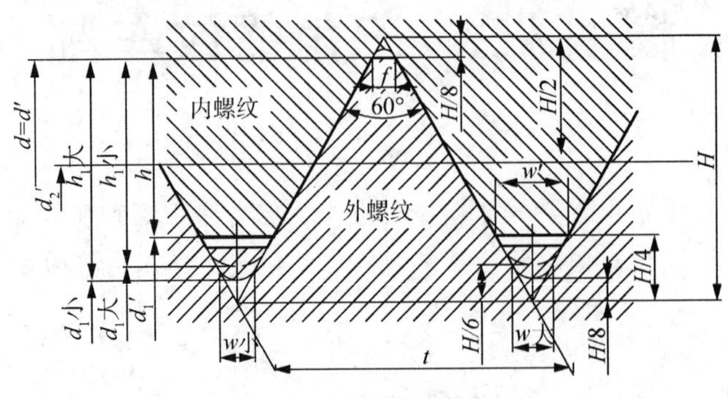

图 8-2　三角螺纹牙型图示

① 牙型理论高度又称理论牙深，用 H 表示。它是普通三角螺纹各几何尺寸计算的基础。

② 牙型高度又称牙型工作高度，用 h 表示，它是外螺纹切削深度的主要参数。

③ 普通外螺纹的牙型高度最小，用 $h_{1小}$表示，$h_{1小}=0.612p$ 。

④ 普通外螺纹的牙型高度最大，用 $h_{1大}$表示，$h_{1大}=0.6495p$ 。

（2）普通三角形外螺纹车削螺纹深度的主要参数：

① 牙型工作高度 $h=0.543p$ 。

② 螺纹牙底槽宽 $\omega=\omega'$ 。

③ 牙型高度最小 $h_{1小}=h+\dfrac{H}{12}$。

④ 牙型高度最大 $h_{1大}=h+\dfrac{H}{8}$ 。

4. 普通外螺纹的公差与测量

查表可知　　M16—5g6g

（1）M16 外螺纹的上偏差等于基本偏差（es）=−0.038mm。

（2）M16 外螺纹公差 Td=0.28mm。

（3）M16 外螺纹大径为 $\phi16^{-0.038}_{-0.318}$mm。

（4）M16 外螺纹中径上偏差（es）=−0.038mm。

（5）M16 外螺纹中径公差 $Td_2=0.125$mm。

（6）M16 外螺纹中径为 $\phi14.70^{-0.038}_{-0.163}$mm。

5. 螺纹升角

螺纹升角的计算公式：

$$\tan\varphi=\frac{np}{\pi d_2}=\frac{L}{\pi d_2}$$

式中，n 为螺旋线数；p 为螺距，mm；

d_2 为中径，mm；L 为导程，mm。

表 8-1　普通三角螺纹尺寸计算

名　称		代号	计算公式
外螺纹	牙型角	a	60°
	原始三角形高度	H	$H=0.866p$
	牙型高度	h	$h=\frac{5}{8}H=0.5413p$
	中径	d_2	$d_2=d-2\times\frac{3}{8}H=d-0.6495p$
	小径	d_1	$d_1=d-2h=d-1.0826p$
内螺纹	中径	D_2	$D_2=d_2$
	小径	D_1	$D_1=d_1$
	大径	D	$D=d=$ 公称直径
螺纹升角		φ	$\tan\varphi=\frac{np}{\pi d_2}=\frac{L}{\pi d_2}$

6. 普通三角外螺纹车刀的选择

（1）高速钢外螺纹车刀。高速钢外螺纹车刀刃磨方便，切削刃锋利，韧性好，车削时刀尖不易崩裂，车出的螺纹表面粗糙度值小。但其热稳定性差，不宜高速车削。常用在低速加工塑性材料的螺纹或作为螺纹的精车刀。

（2）硬质合金外螺纹车刀。硬质合金普通外螺纹车刀硬度高，耐磨性好，耐高温，热稳定性好，常用在高速切削脆性材料螺纹。其缺点是抗冲击能力差。

7. 三角螺纹车刀刃磨

以高速钢为材料的螺纹车刀因其良好的刃磨工艺性、良好的韧性及不易崩碎的优点，被广泛用于螺纹粗精车。

（1）螺纹车刀的前角 γ_p 。

低速车削 M16 螺纹一般选择 $\gamma_p=10°\sim15°$，径向前角的前刀面呈直平面，两切削刃为直线，如图 8-3 所示。

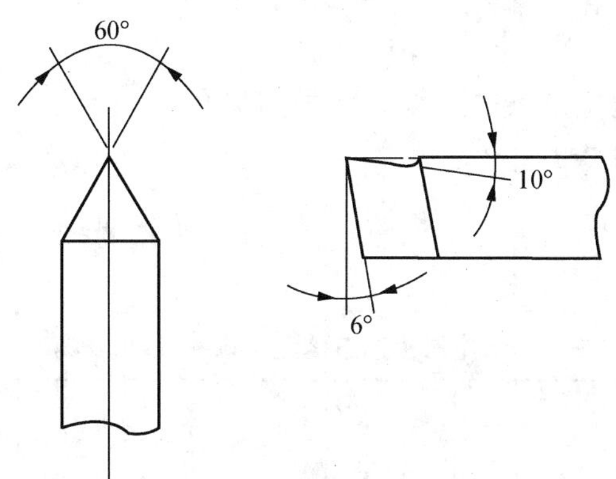

图 8-3　三角螺纹车刀

刀具的优点：切削锋利，排屑顺畅，不易扎刀。

刀具的缺点：由于前角的加大造成螺纹牙型角增大，为此，刃磨时需修正角度，即车刀刀尖角磨成 59°14′。

（2）螺纹车刀的后角。

在三角螺纹车削中由于螺旋外角的原因造成切削平面和基面位置变化导致车刀前后角变化明显。

为避免车刀后面与螺纹牙侧发生干涉，保证切削顺利进行，将车刀沿进给方向一侧的后角 α 磨成 $\alpha=(3^\circ\sim5^\circ)+\varphi$；背进给方向一侧的后角 α 磨成 $\alpha=(3^\circ\sim5^\circ)-\varphi$。

8. 三角螺纹的中径测量

三角螺纹中径测量有两种方法，第一种可用螺纹环规测量，第二种可用螺纹千分尺测量。

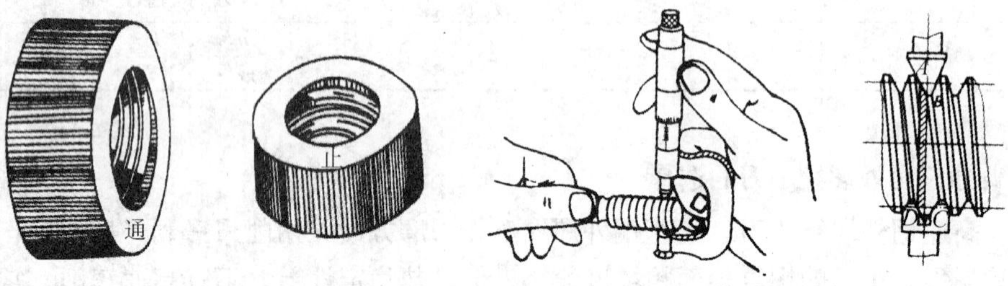

图 8-4　螺纹环规测量　　　　图 8-5　螺纹千分尺测量

9. 机床调态

（1）先确定 M16 螺纹螺距，以确定进给箱铭牌的手柄位置；

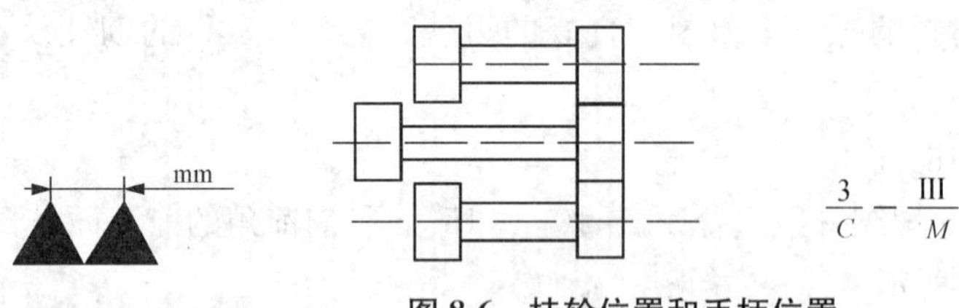

图 8-6　挂轮位置和手柄位置

（2）调整中滑板小滑板镶条的松紧度，适中即可。

三、M16 螺纹加工步骤与螺纹车削

1. M16 螺纹螺距较小，可采用直进法，通过中滑板横向多次进给完成，进刀格数和转速可参照下表；

表 8-2　车三角螺纹中滑板进刀格数和转速（M16，$p=2$mm）

进刀次数	1	2	3	4	5	6	7	8	9	10	…	17
进刀格数	10	10	5	5	5	5	2	2	2	2	1	1
主轴转速	132 r/min				40 r/min							

（吃刀深度为 $a_p=0.6495p=1.299$mm；进刀格数为 $n=1.299/0.02=64.95$ 格或 $n=1.299/0.05=$

25.98 格）

2. 车削螺纹前空车练习，选择 90r/min，按下开合螺母采用正反车练习；

3. 用废料试车削，每次进刀 0.1mm 反复进退刀练习；

4. 夹毛坯伸出长度 65mm，选择 300r/min，在外圆 $\phi16_{-0.30}^{0}$mm 处切退刀槽；

5. 选用 132r/min 车螺纹，吃刀深度和次数见表 8-2；

6. 切断调头车端面倒角。

附课题　M24（M20）螺纹加工步骤

1. M24

（1）M24 外螺纹的上偏差等于基本偏差（es）＝－0.048mm；

（2）M24 外螺纹公差 Td＝0.375mm；

（3）M24 外螺纹大径为 $\phi24_{-0.423}^{-0.048}$mm；

（4）M24 外螺纹中径上偏差（es）＝－0.048mm；

（5）M24 外螺纹中径公差 Td_2＝0.160mm；

（6）M24 外螺纹中径为 $\phi22.05_{-0.208}^{-0.048}$mm。

2. M20

（1）M20 外螺纹的上偏差等于基本偏差（es）＝－0.042mm；

（2）M20 外螺纹公差 Td＝0.335mm；

（3）M20 外螺纹大径为 $\phi20_{-0.377}^{-0.042}$mm；

（4）M20 外螺纹中径上偏差（es）＝－0.042mm；

（5）M20 外螺纹中径公差 Td_2＝0.132mm；

（6）M20 外螺纹中径为 $\phi18.4_{-0.174}^{-0.042}$mm 或 $\phi16.8_{-0.190}^{-0.067}$mm

3. 车削前空车训练开合螺母

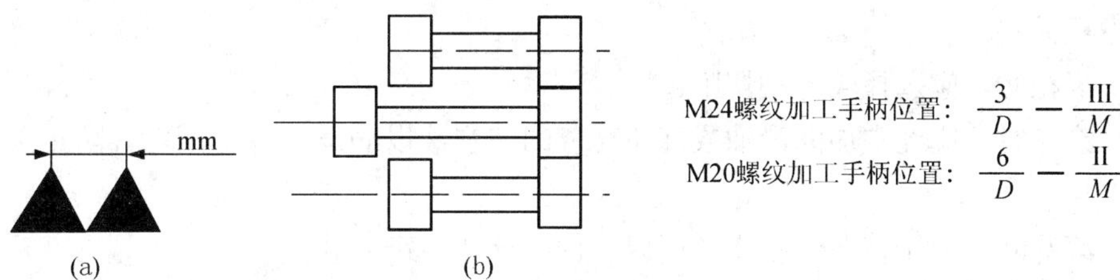

图 8-7　挂轮位置和手柄位置

4. 进刀格数与次数

M24 螺纹：　吃刀深度 a_p＝0.6495p＝1.948mm；

进刀格数 n＝1.94/0.02＝97 格；

或 n＝1.94/0.05＝38.8 格。

M20 螺纹：　吃刀深度 a_p＝0.6495p＝1.62mm；

进刀格数 n＝1.62/0.02＝81 格；

或 n =1.62/0.05=32.4 格。

表 8-3　车三角螺纹中滑板进刀格数和转速（M24（M20））

进刀次数	1	2	3	4	5	6	7	8	…	13	14	…
进刀格数	10	10	10	5	5	5	5	2	2	2	1	1
主轴转速	132 r/min				40 r/min							

表 8-4　普通外螺纹切削深度与进刀格数（C6132D/C6136D）

螺距	1	1.5	1.75	2	2.5	3	3.5	4
最大切削深度	0.649	0.973	1.135	1.3	1.622	1.94	2.27	2.596
格数（0.02mm）	32	48.65	56.75	65	81.1	97	113.5	129.8
格数（0.05mm）	12.98	19.46	22.7	26	32.44	38.8	45.4	51.9
注：格数（每格 0.02mm 或每格 0.05mm）指中滑板精度。								

附：滚花

滚花及其花纹种类：

某些工具和机器零件的捏手部位，为了增强表面摩擦、便于使用或使零件表面美观，常在零件表面上滚压出花纹的加工称为滚花。

滚花的花纹分为直纹和网纹两种，花纹有粗细之分，并用模数 m 区分。模数越大花纹越粗。

滚花的花纹粗细应根据工件滚花表面的直径大小选择，直径大的选择模数较大的花纹，直径小的选用模数较小的花纹。

注意事项：

（1）滚花时，应选择较低的切削速度。

（2）滚花时，应经常加润滑油或浇注充分的切削液以润滑、冷却滚轮，防止滚轮发热损坏。

（3）滚花时，由于径向力很大，所以工件必须装夹牢靠。

（4）在滚花过程中不允许用手触摸或用棉布擦拭滚花表面。

课题二　内三角螺纹车削

内三角螺纹的车削方法与外螺纹的车削方法基本相同，但进刀和退刀方向和外螺纹相反。因刀细长、刚性差、切屑不易排出、不易观察等原因，内螺纹比外螺纹车削要困难。

一、图样展示

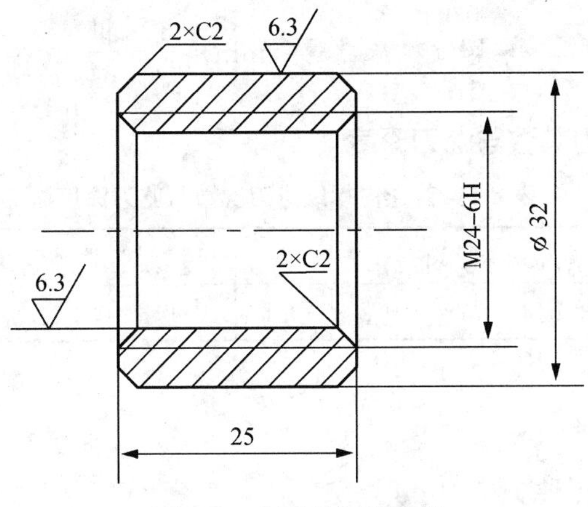

图 8-8　内三角螺纹图样

二、图样分析

1. 内螺纹孔径较小，刀杆细长、刚性差。

2. 内螺纹三面吃刀，切屑易造成扎刀现象。为此，每次吃刀深度要控制（见表 8-5）。

3. 为使内螺纹的刀尖对准工件中心，刀杆在安装时，应目测刀杆处于孔径中心位置。

三、准备工作

1. 下料 ø35×30mm；2. 中心钻 A3；3. 车孔的刀杆；

4. 车内螺纹的 60°刀头；5. 螺纹环规；6. 游标卡尺。

四、车内螺纹孔径的计算

1. 车内螺纹的孔径略大于小径基本尺寸。

2. 孔径的计算公式：

$$塑性\ D_{孔} = D - p$$

$$D - 大径 = 公称直径 \qquad p = 3\text{mm}$$

例题　车削 M24－6H 内螺纹，试计算孔径应车多少？

根据公式：$D_{孔} = D - p = 21\text{mm}$ ；

切削深度＝ $0.54p = 1.62\text{mm}$ ；

进刀格数 $n = 1.62/0.02 = 81$ 格；

或 $n = 1.62/0.05 = 32.4$ 格。

3. 内螺纹孔尺寸与公差。

根据 $p = 3\text{mm}$ 公称直径精度等级 6H 查表，上偏差 ES＝＋0.375mm 。内螺纹孔径尺寸公差是 $ø21^{+0.375}_{0}\text{mm}$ 。

五、车削工艺

1. 下料 ø35×30mm；2. 夹毛坯车端面，打中心孔；

3. 夹 5mm 长顶中心孔车外圆 ø32mm；

4. 夹车总长，钻孔 ø20mm，车内孔至 ø21$^{+0.375}_{0}$mm；

车螺纹机床铭牌（mm）$\dfrac{3}{D}-\dfrac{\text{Ⅲ}}{M}$。

六、车削内螺纹进刀次数与吃刀深度

表 8-5 普通内螺纹进刀次数与吃刀深度

进刀次数	1	2	3	4	5	6	7	8	9-19	20	…
吃刀深度	0.2	0.2	0.2	0.2	0.1	0.1	0.1	0.1	0.02	重刀	…

七、切削用量的选择

1. 车端面打中心孔选择 700r/min；
2. 车外圆车总长选择 500r/min；
3. 钻孔选择 200r/min；
4. 车螺纹选择 90r/min；精车选择 40r/min。

课题三　千斤顶（底座）

一、图样展示

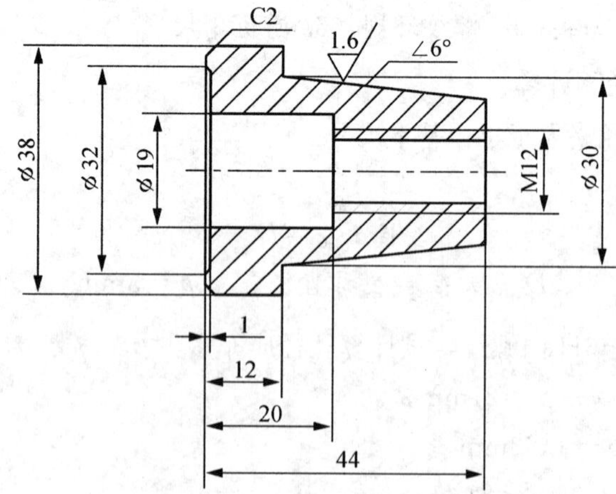

图 8-9 千斤顶（底座）图样

二、底座车削工艺

1. 下料 ø40×48mm；
2. 三爪卡盘夹毛坯车端面、打中心孔；
3. 划线车总长留余量 1mm，车大外圆 ø38 留 0.5mm 精车余量，长度 15mm；
4. 调头夹 ø38 处顶中心孔，车 ø30 留 0.5mm 精车余量；

5. 调头夹 ø30 处车端面（车平即可），车好大外圆 ø38，钻 ø10 孔，钻孔 ø19×22mm，攻 M12 螺纹，车 ø32×1mm；

6. 夹 ø38（垫铜皮）车 ø30、锥度 1：5 至图纸要求。

三、切削用量的选择

1. 车端面，打中心孔选择 700r/min；

2. 车外圆选择 (400 ~ 500)r/min，走刀速度 $f=0.3$mm/r，第一刀吃刀深度 $a_p=$ 4mm，第二刀车好；

3. 钻孔、扩孔选择 200r/min 左右；

4. 攻丝选择最慢转速加点动控制，使用乳化液冷却；

5. 车 1：5 锥度可选择 (400 ~ 700)r/min。

四、底座部分车削示意图

1. 车端面、打中心孔。

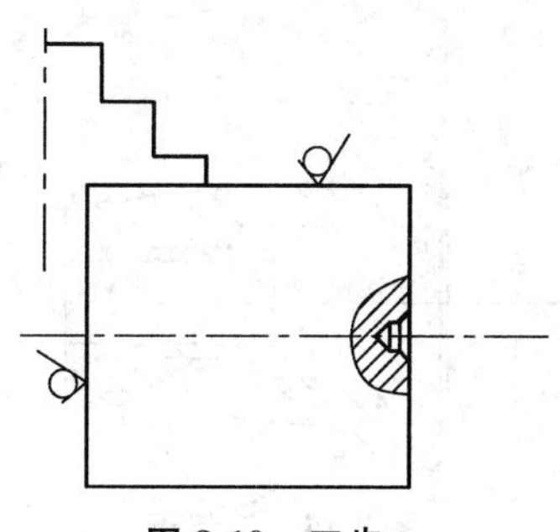

图 8-10　工步一

2. 车总长，车 ø38.5 外圆，长 15mm。

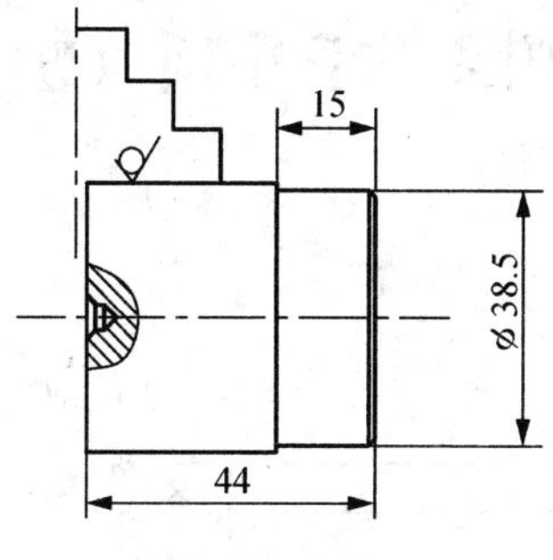

图 8-11　工步二

3. 车 ø30 外圆，长 32mm。

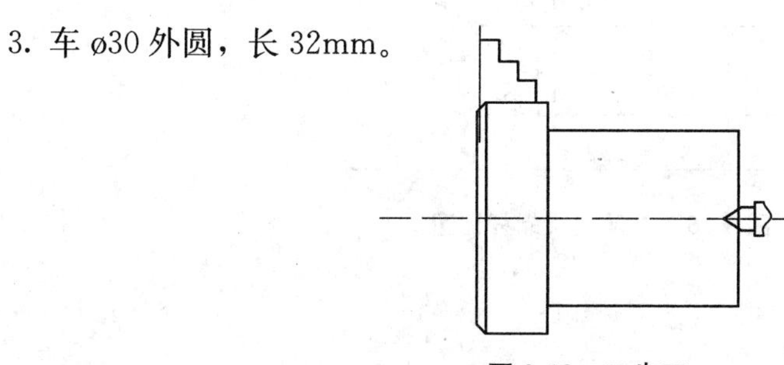

图 8-12　工步三

4. 车 ø38 外圆，钻小孔，钻大孔，攻丝。

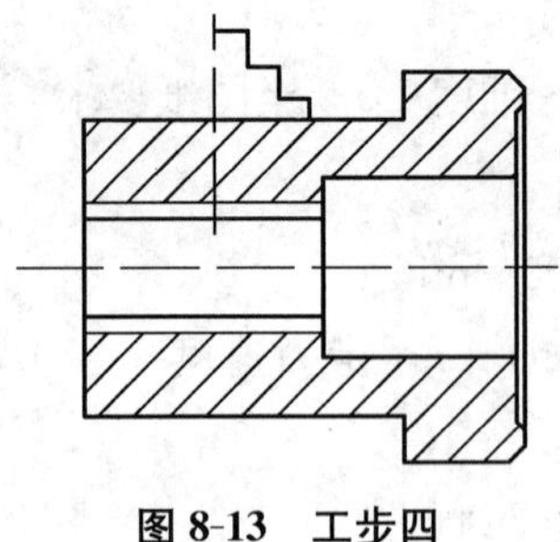

图 8-13 工步四

5. 车锥度 1：5；小刀架逆时针旋转 $\frac{a}{2}=5°42'38''$。

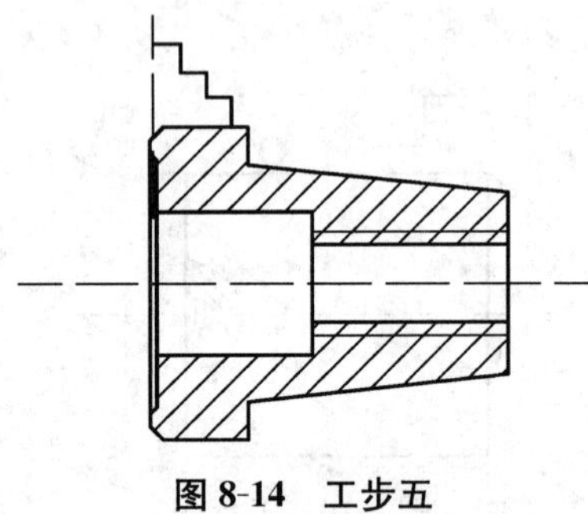

图 8-14 工步五

课题四 千斤顶（螺杆）

一、图样展示

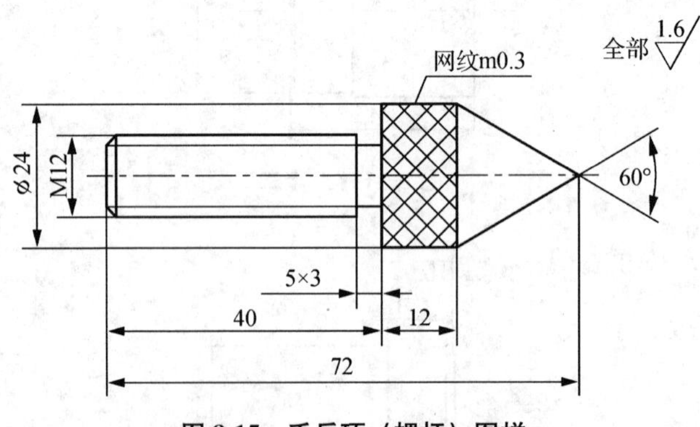

图 8-15 千斤顶（螺杆）图样

二、螺杆部分车削工艺

1. 下料 ø25×75mm；
2. 夹毛坯，伸出长度 50mm 车端面，车外圆 ø24×35mm；
3. 调头划线车总长，打中心孔；
4. 采用一夹一顶（伸长 15mm）装夹方式，车 ø12，长 40mm，滚花；
5. 夹 ø12 外圆大端与卡爪端面靠紧，车 60°锥度；
6. 夹 ø24 滚花处（垫铜皮），顶中心孔车槽，车 M12 螺纹。

三、切削用量的选择

1. 车端面，打中心孔选择 700r/min ；
2. 车外圆 ø24，转速选择 (400 ～ 500)r/min ，走刀速度选择 f =0.3mm/r ；
3. 车 ø12 外圆；
4. 车锥面选择 700r/min 左右；
5. 粗车螺纹选择 (90 ～ 132)r/min ，精车选择 40r/min 。

四、螺杆部分车削示意图

1. 车端面打中心孔。

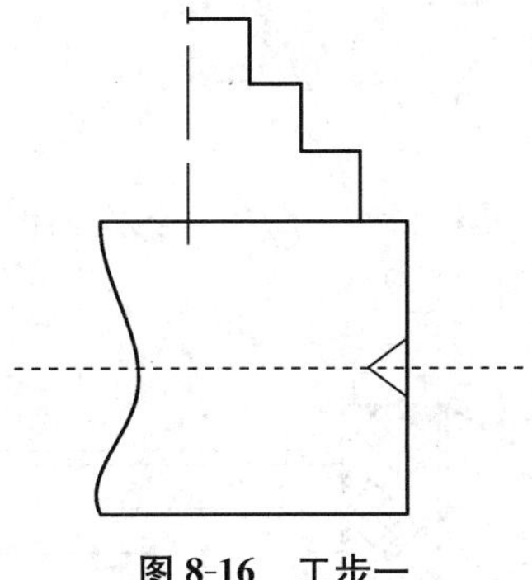

图 8-16　工步一

2. 调头车总长，夹毛坯车好 ø24 外圆，长 35mm。

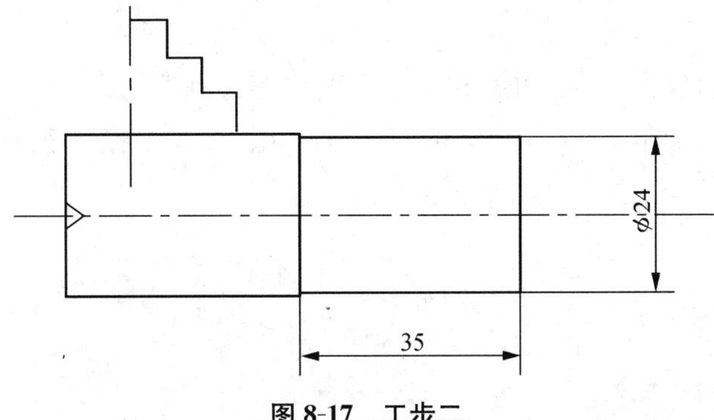

图 8-17　工步二

3. 调头一夹一顶（夹已车好 ø24 部位外圆）车 ø12 外圆，滚花。

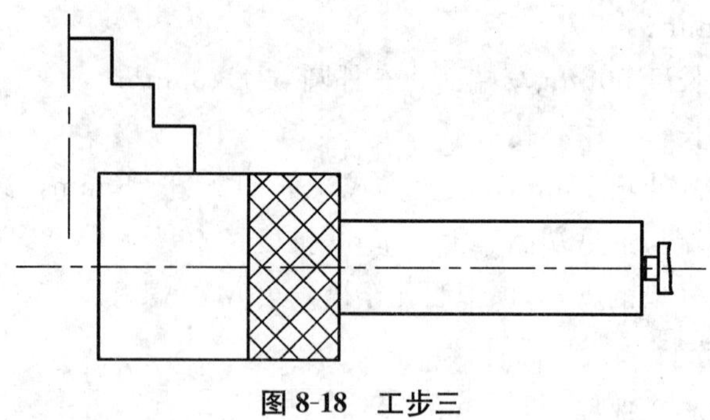

图 8-18　工步三

4. 调头车锥度。

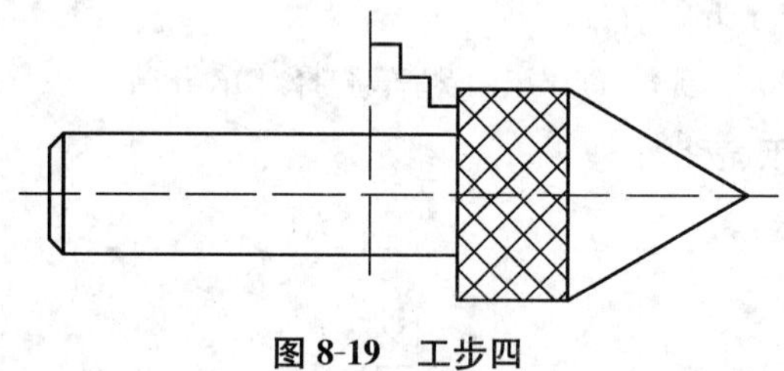

图 8-19　工步四

5. 调头车槽、车三角螺纹，螺纹深度与进刀格数参照三角螺纹的车削。

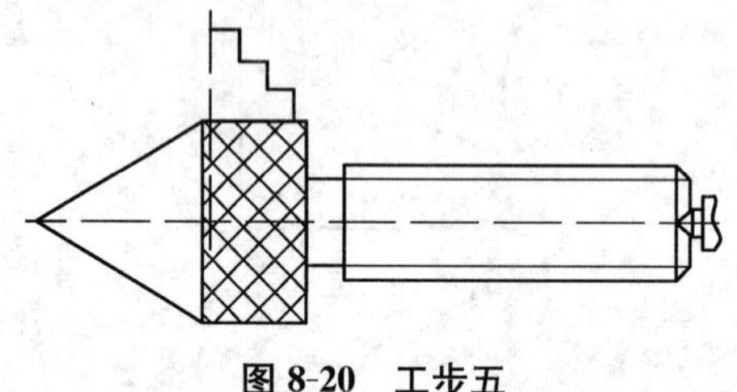

图 8-20　工步五

五、要点提示

1. 滚花时径向力较大，为防止弯曲，滚花时要考虑刚性问题；

2. 车削工艺第二步车 ø24×35mm 的主要目的是为二次装夹滚花时能获得比较好的同轴度。

模块九　综合件加工

课题一　锥　套

一、图样展示

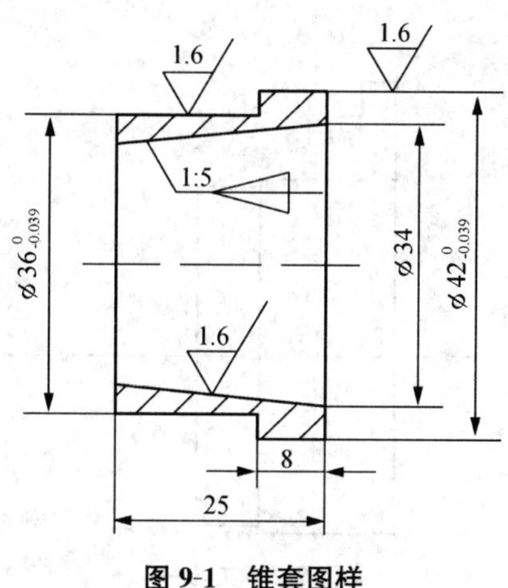

图 9-1　锥套图样

二、图样分析

1. 锥孔两端与外圆壁厚约 4mm，比较薄，如果夹紧力过大会造成工件直径变形。

2. 为了减少因夹紧力过大而造成工件变形，粗车锥孔后要进行工件第二次工艺装夹。

目的：

（1）消除粗车时因夹力过大而产生的变形；

（2）根据精车的特点，合理使用夹紧力。

三、车削工艺

1. 下料 ø45×28mm；

2. 夹毛坯车端面，车大外圆 ø42$^{0}_{-0.039}$mm，留余量 0.5mm；

3. 调头夹毛坯车总长留余量 0.5mm，打中心孔；

4. 一夹一顶车外圆 ø36$^{0}_{-0.039}$mm，留余量 0.5mm；

5. 调头夹 ø42$^{0}_{-0.039}$mm 外圆，打中心孔，钻 ø27 孔；

6. 粗车锥孔，留余量 0.5mm；

7. 松开卡爪，重新装夹 ø36$^{0}_{-0.039}$mm 外圆，用力适度，不允许使用套筒，精车大端面

大外圆 $\phi 42_{-0.039}^{0}$ mm，内锥孔；

8. 调头夹 $\phi 42_{-0.039}^{0}$ mm 外圆（垫铜皮），精车 $\phi 36_{-0.039}^{0}$ mm，长短达图纸要求。

四、切削用量的选择

1. 打中心孔选择 700r/min，车端面大外圆（400 ～ 500）r/min；
2. 车外圆选择（300 ～ 450）r/min；
3. 钻孔选择（130 ～ 200）r/min；
4. 车锥孔选择（40 ～ 130）r/min；
5. 精车 $\phi 42_{-0.039}^{0}$ mm、$\phi 36_{-0.039}^{0}$ mm 选择 500r/min；

走刀速度 f =0.05mm/r。

五、车削示意图

1. 车端面、车大外圆。

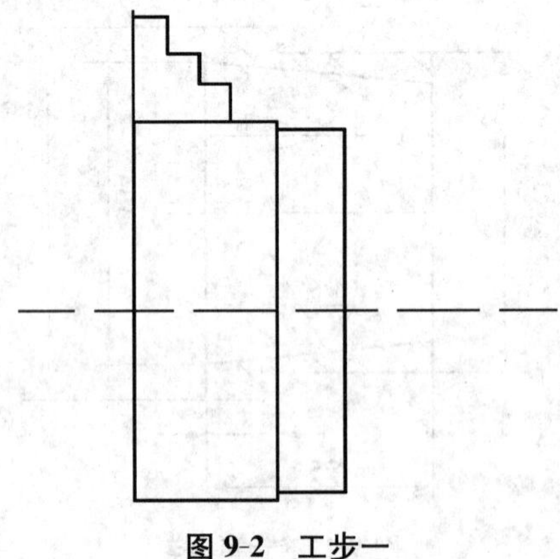

图 9-2　工步一

2. 车长短，打中心孔。

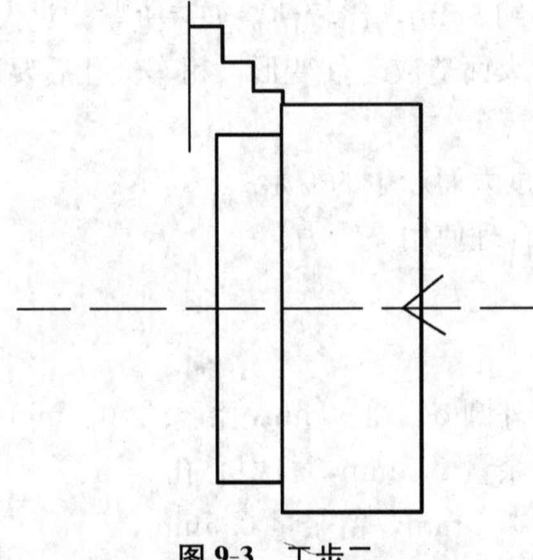

图 9-3　工步二

3. 车 $\phi36_{-0.039}^{0}$ mm 外圆。

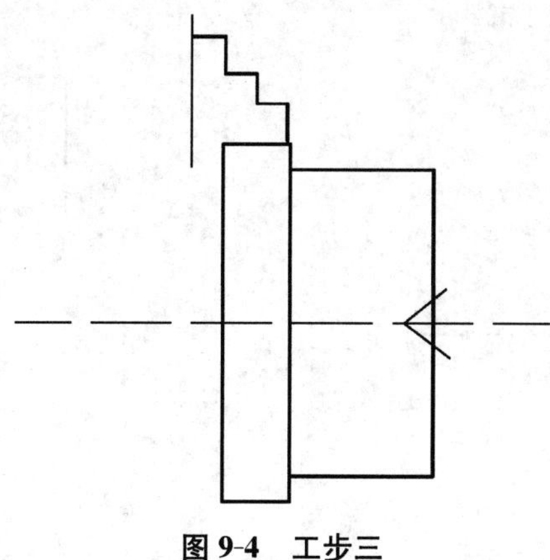

图 9-4　工步三

4. 调头钻 ø27 孔。

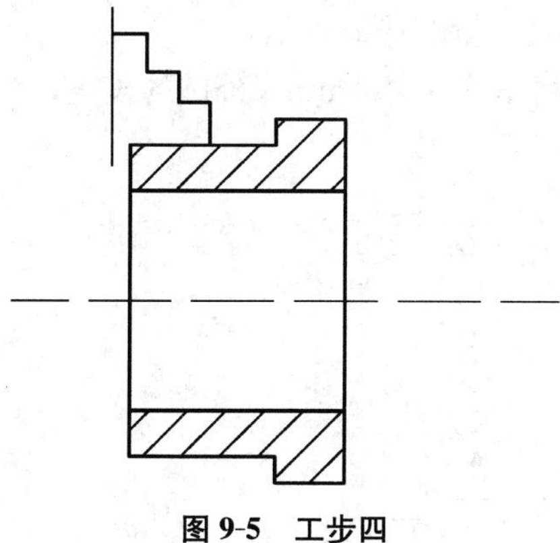

图 9-5　工步四

5. 粗车锥孔，$\phi42_{-0.039}^{0}$ mm 外圆。

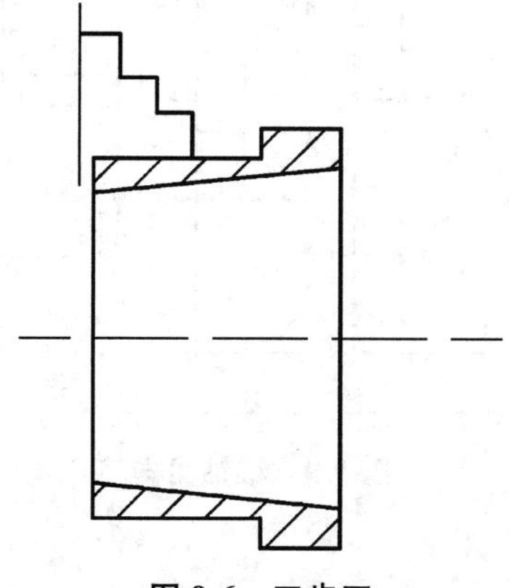

图 9-6　工步五

6. 第二次装夹精车锥孔，$\phi42_{-0.039}^{\ 0}$ mm 外圆。

7. 精车 $\phi36_{-0.039}^{\ 0}$ mm 与阶台。

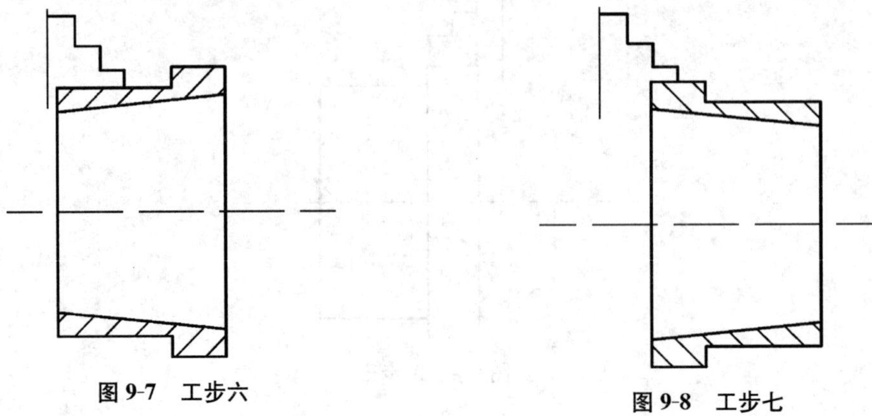

图 9-7　工步六　　　　图 9-8　工步七

六、要点提示

1. 第二次装夹的夹紧力是质量的保证；

2. 夹 $\phi42_{-0.039}^{\ 0}$ mm 外圆精车 $\phi36_{-0.039}^{\ 0}$ mm，外圆的校正是车工重要技能之一。

课题二　锥　轴

一、综合件图样

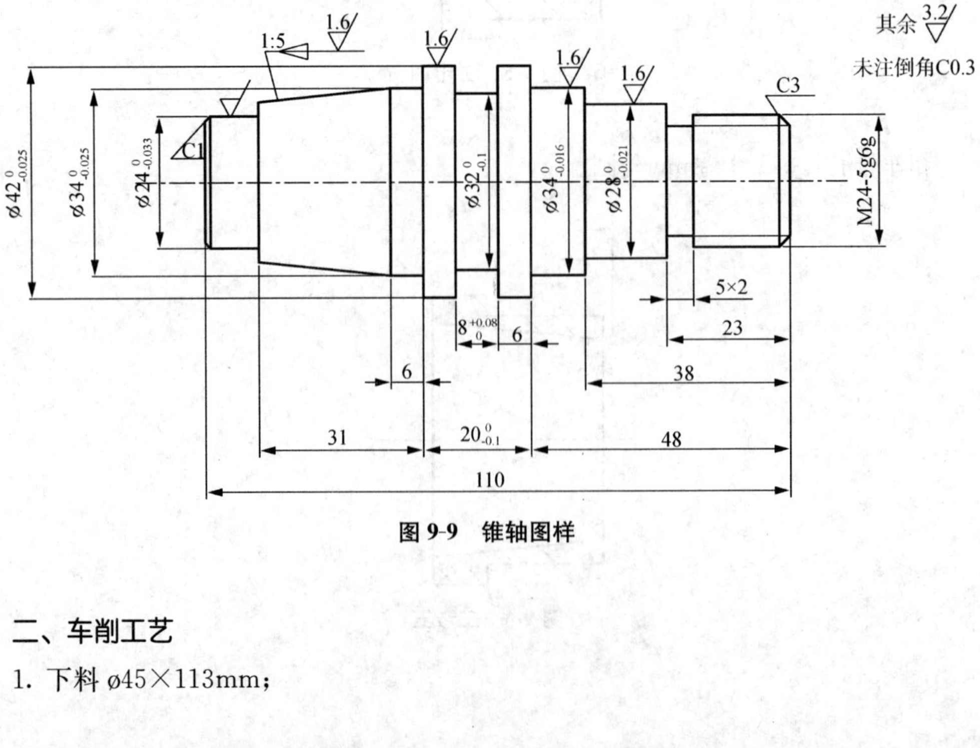

图 9-9　锥轴图样

二、车削工艺

1. 下料 $\phi45\times113$mm；

2. 三爪卡盘夹工件毛坯，伸出长度 60mm 车端面，车夹头，打中心孔，调头划线，车总长，打中心孔；

3. 采用一夹一顶装夹方式，粗车螺纹端外径尺寸 ø42、ø34、ø28，留精车余量 0.5mm，长短留 0.5mm；M24 部分车至 $ø24_{-0.3}^{0}$mm；

4. 调头夹车好的 ø24 外圆，粗车 ø34、ø24 外圆，留余量 0.5mm；

5. 调头夹锥度外圆 ø34 切槽，车螺纹 M24，车各公差外圆；

6. 夹 ø28 处（垫铜皮）精车锥度 1：5 和 ø24 各公差外圆。

三、切削用量选择

1. 车端面，打中心孔选择（500～700）r/min；

2. 粗车外圆（300 ～ 450)r/min；吃刀深度 a_p = 3mm，分刀车 ø34.5mm 至 ø28.5mm，$ø24_{-0.3}^{0}$mm 一刀车好。

3. 切槽 90r/min 左右（高速钢车刀）；

4. 粗车螺纹选择 200r/min 以内；

5. 精车公差 700r/min；

6. 粗车走刀速度选择 f = 0.3mm/r；

7. 精车走刀速度选择 f = 0.05mm/r。

四、要点提示

1. 车螺纹进刀格数

（1）首先求出螺纹吃刀深度。

螺纹吃刀深度

$$a_p = 0.6495p = 1.948\text{mm}。$$

（2）格数。

格数=（吃刀深度）/0.02=97 格

或　n =（吃刀深度）/0.05=39 格。

（3）M24 螺纹机床手柄位置 $\dfrac{3}{\text{D}}-\dfrac{\text{Ⅲ}}{\text{M}}$。

2. 锥度 1：5

（1）半角 $\dfrac{\alpha}{2}=5°42'38''$；

（2）小刀架逆时针旋转 5°42′38″。

3. 切槽

（1）采用宽度等于（3～4）mm 切槽刀车好；

（2）使用浓度为 50%的乳化液最好。

五、参考工艺图示

在轴类零件的加工中，当夹头部分处于刚性最大时，第一端车削应选择台阶较多、加工长度较长、约占粗车量的 60%以上的那一端。

1. 车端面，车夹头（长 15mm 即可），打中心孔。

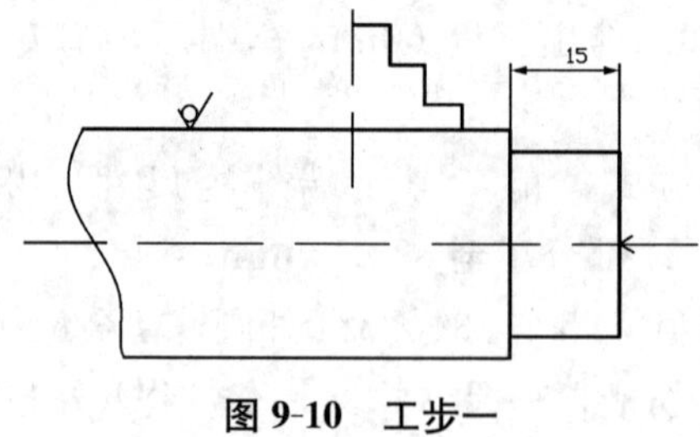

图 9-10　工步一

2. 划线车总长，打中心孔。

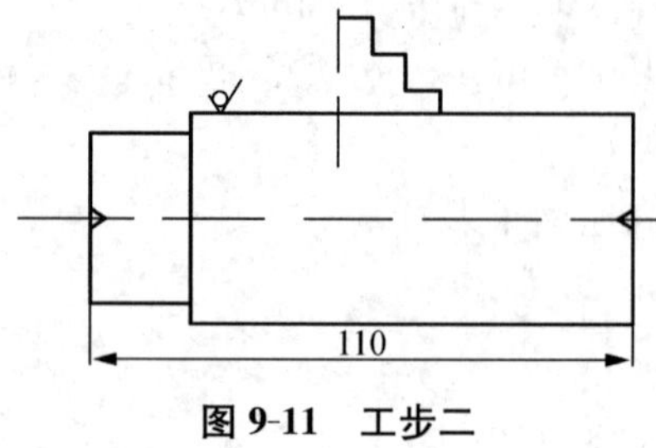

图 9-11　工步二

3. 一夹一顶粗车螺纹一端各外圆，全部留余量 0.5mm。

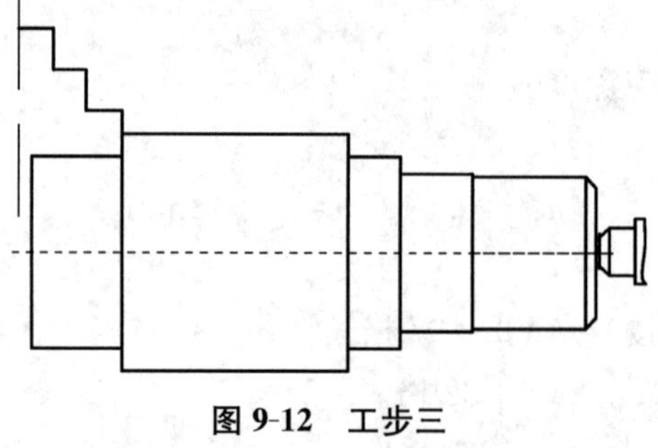

图 9-12　工步三

4. 粗车锥度一端台阶轴。

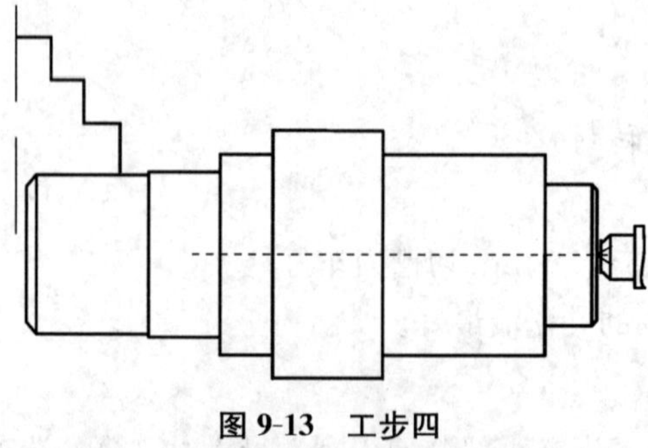

图 9-13　工步四

5. 调头车槽，车螺纹及公差外圆。M24 螺纹进刀次数和吃刀深度参照三角螺纹部分参数内容。

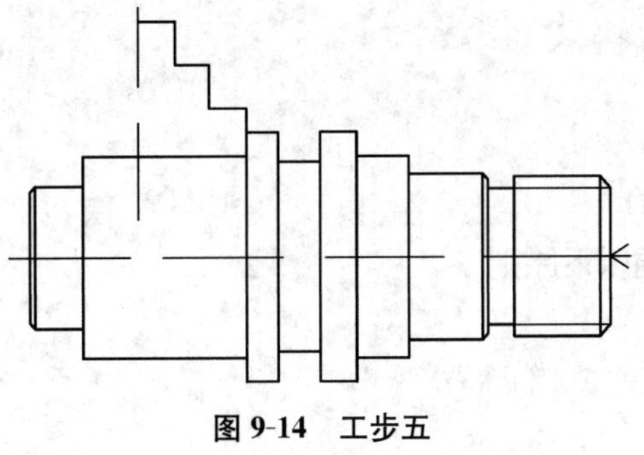

图 9-14　工步五

6. 调头车锥度。

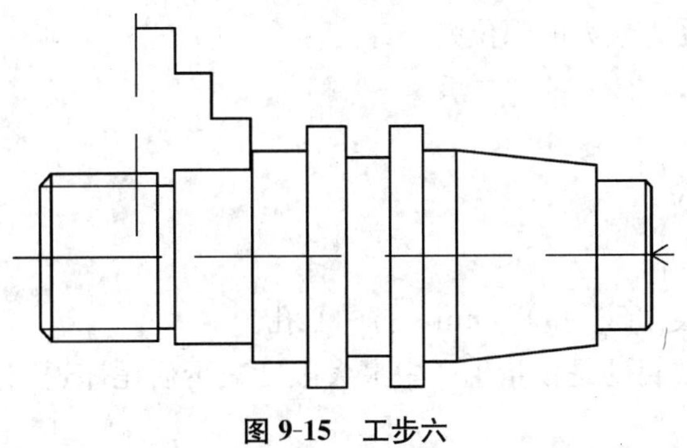

图 9-15　工步六

课题三　综合件

一、图样展示

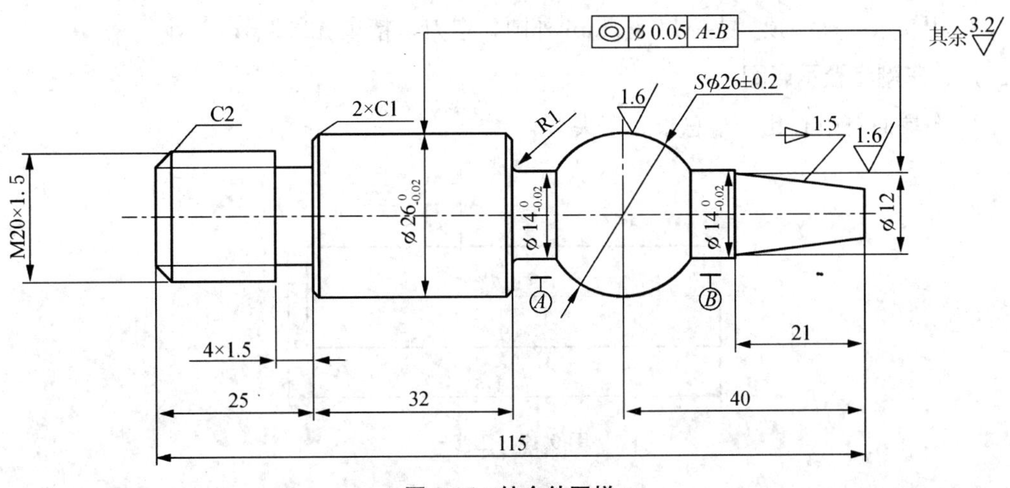

图 9-16　综合件图样

二、图样分析包括以下内容

1. 螺纹车削；
2. 圆球车削；
3. 外锥面车削；
4. 台阶轴及切槽车削。

三、工艺制订要遵循以下原则

1. 安全性原则；
2. 质量最优原则；
3. 效率最大原则；
4. 批量生产原则。

四、切削力分析

工件车削中径向受力最大的部位是：

1. $S\phi26$ 圆球部位；
2. 球柄切槽部位；
3. 车三角螺纹部位。

五、车削工艺

1. 夹毛坯伸出长度（50～60）mm，打中心孔。

伸长 60mm 的主要目的是批量生产中最大限度减少后尾座退刀的距离，实现高效率、低强度的目的。

2. 调头划线车总长。
3. 一夹一顶车大外圆，留余量 0.5mm。
4. 夹 ø26.5mm 处外圆车台阶轴 ø26、ø14、ø12，留精车余量 0.5mm。
5. 切球柄部槽 ø14 留余量 1mm。
6. 夹 ø14 处外圆，顶中心孔定刀，车螺纹 M20。
7. 夹 ø26.5 外圆精车 $S\phi26$、$\phi14_{-0.02}^{\ 0}$、$R1$、ø12，锥度。
8. 用软爪一夹一顶，夹 $\phi14_{-0.02}^{\ 0}$mm 外圆，定刀，精车 $\phi26_{-0.02}^{\ 0}$mm 处。

六、车削步骤示意图

1. 车端面打中心孔、车总长、车夹头。

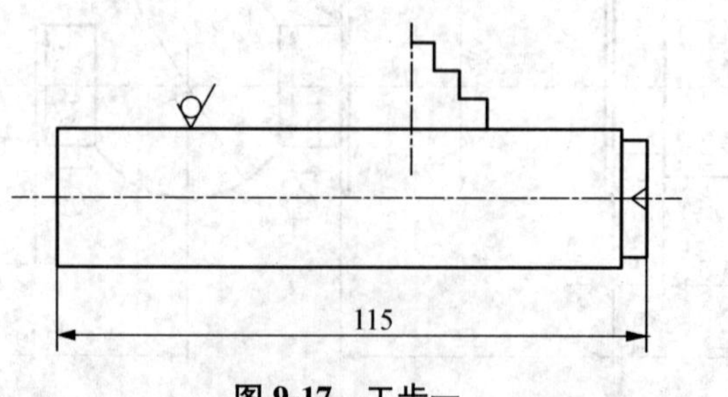

图 9-17　工步一

2. 调头，车外圆 ø26，留余量 0.5mm，M20 外圆 ø20$_{-0.3}^{\ 0}$mm。

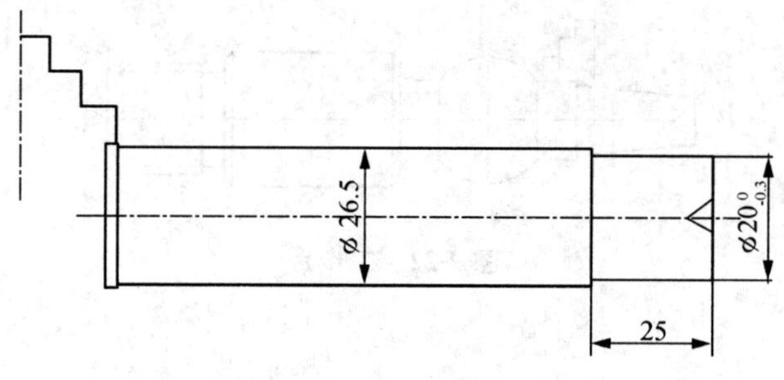

图 9-18　工步二

3. 调头夹 ø26 车各阶台轴 ø26、ø14、ø12，各留余量 0.5mm。

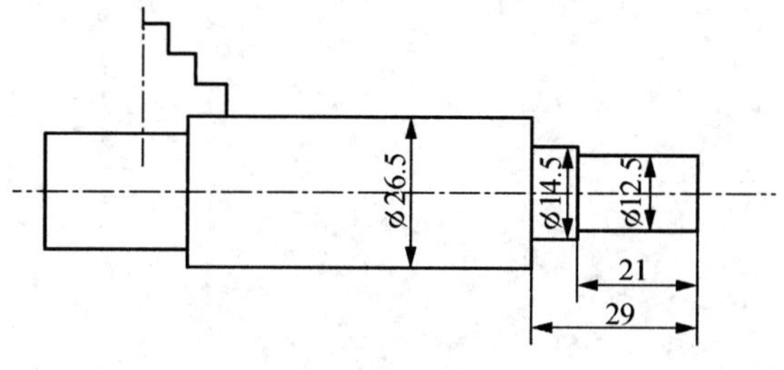

图 9-19　工步三

4. 调头切槽，车螺纹。

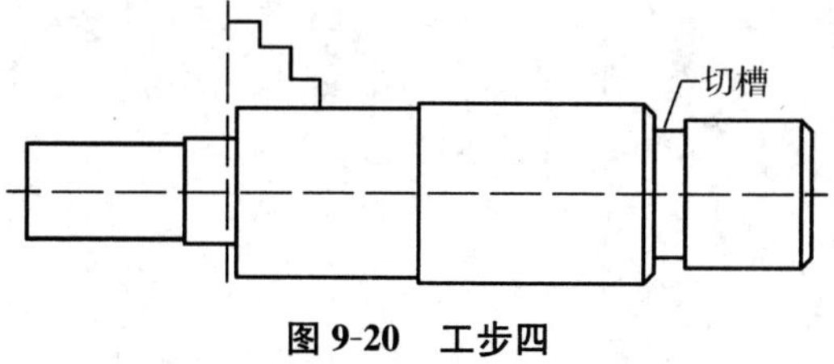

图 9-20　工步四

5. 调头车圆球，锥面。

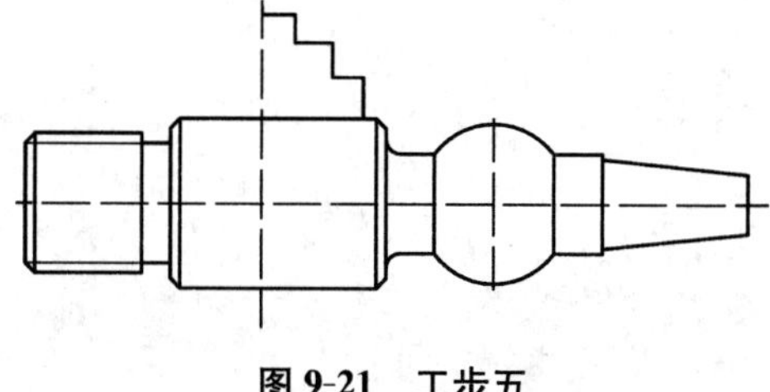

图 9-21　工步五

6. 精车 $\phi 26_{-0.02}^{\ 0}$。

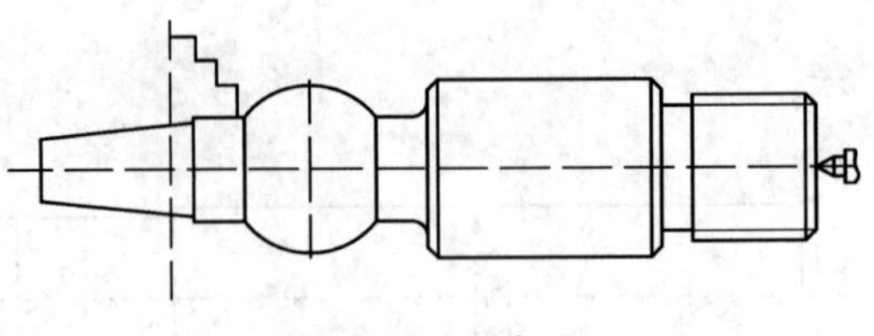

图 9-22　工步六

模块十　复杂零件车削

课题一　车削直齿锥齿轮（伞齿轮）

在机床制造中利用直齿锥齿轮两相交轴线回转运动传递二轴线相交的垂直轴运动，同时还可达到减少设计空间、减少体积的作用，其特点是轴孔相互位置精度较高。

一、图样展示

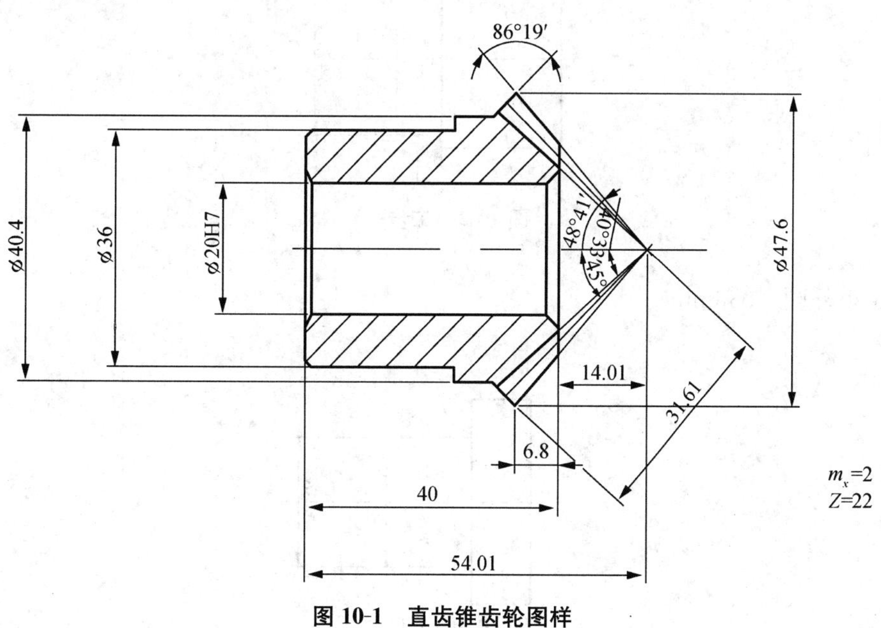

图 10-1　直齿锥齿轮图样

二、准备工作

1. 下料：ø50×60mm；
2. 刀具：正偏刀 90°、45°偏刀；
3. 钻头 ø18；
4. 塞规 ø20D、万能角度尺、自制心轴。

三、相关知识

1. 伞齿轮锥面长 15mm，锥面右端面到锥齿顶部轴向距离 6.8mm；
2. 背锥锥角 98°，α/2 为 49°；

3. 伞齿轮内孔是车、铣、刨等机床定位基准；左端面也是加工基准，要求内孔 ø20D4 孔，与左端一次加工完毕，其垂直度要求严格；

4. 伞齿轮锥面与基准孔径向跳动应控制在 0.02mm 以内。

四、车削工艺

1. 夹毛坯车端面大外圆车至 ø48；

2. 夹 ø48 外圆车总长，车 ø36，钻孔，车内孔 ø20H7；

3. 自制心轴上小刀架，逆时针转 48°41′车大锥面；

4. 调头背锥在外（右），小刀架逆时针旋转 45°车背锥面。

五、车削分步示意图

1. 车大外圆（ø47.6mm）。

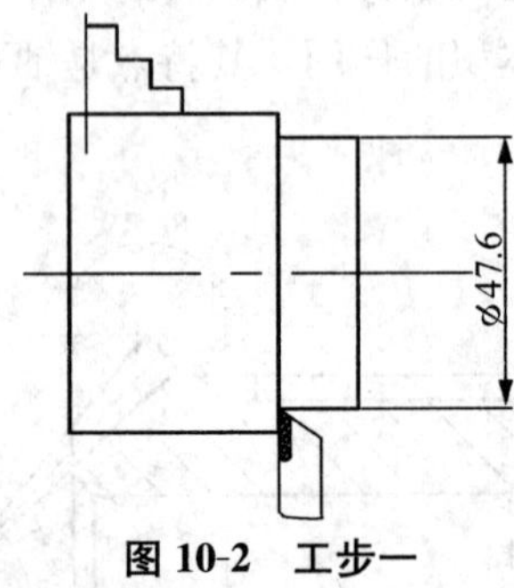

图 10-2　工步一

2. 车小外圆（ø36mm）。

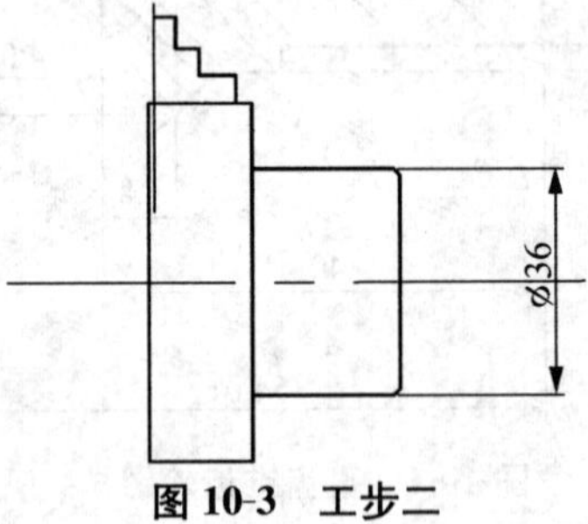

图 10-3　工步二

3. 车内孔（ø20H7）。

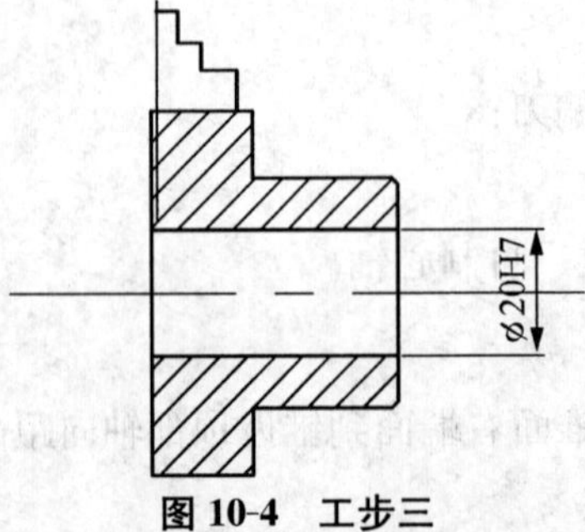

图 10-4　工步三

4. 自制心轴。

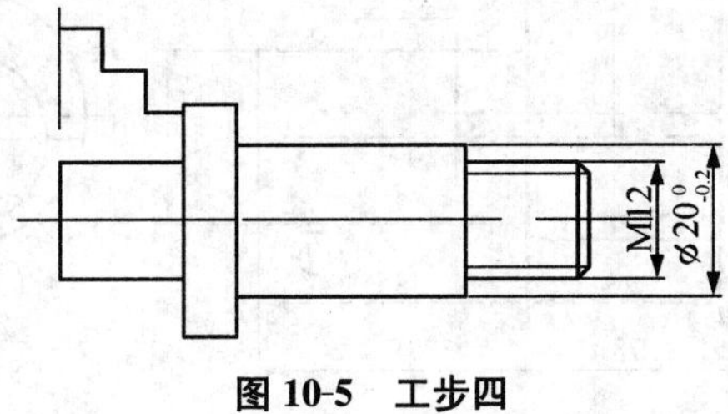

图 10-5　工步四

5. 车锥度。

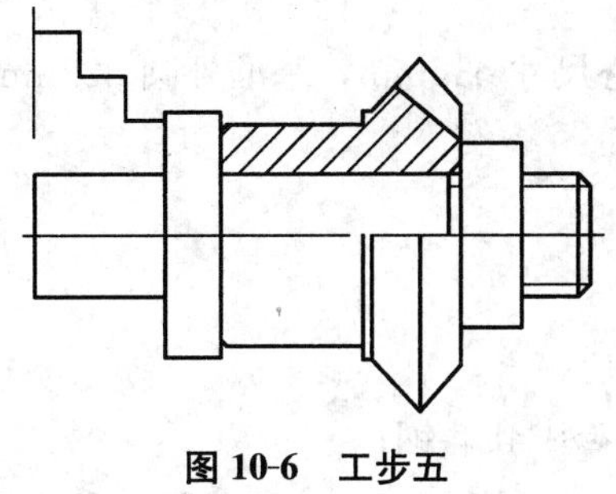

图 10-6　工步五

6. 精车。

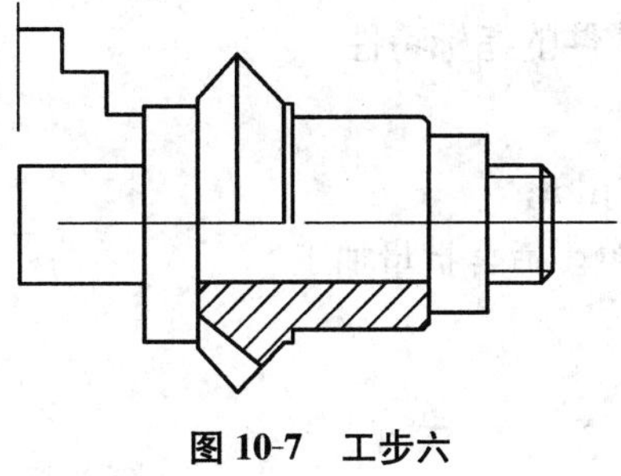

图 10-7　工步六

课题二　车削偏心轴

一、图样展示

工程技术图样是重要的技术资料和技术交流工具，被誉为工程界的技术语言，不掌握好这种语言就无法从事工程实践。

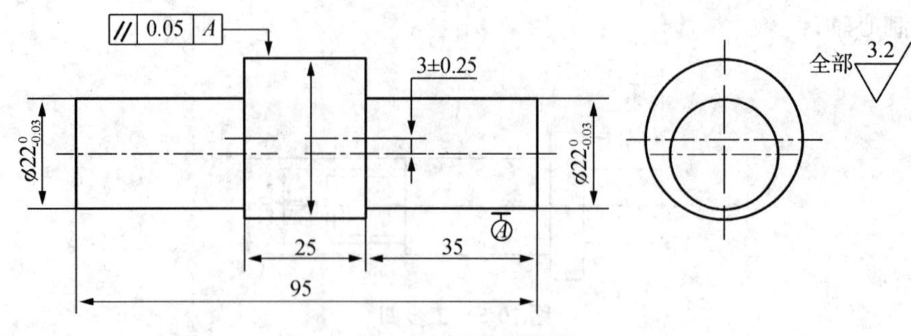

图 10-8　偏心轴图样

二、图样分析

1. 工件总长 95mm，偏心尺寸 ø32mm，基准外圆 ø22mm；
2. 偏心距 3±0.25mm；
3. 偏心轴两端相互对称；
4. 偏心距较小。

三、准备工作

1. 下料 ø35×101mm 圆棒料 45＃钢；
2. （YT15）90°外圆车刀，（0～125）mm 和（25～50）mm 千分尺，（0～10）mm 百分表及磁力表座，A3 中心钻；
3. 4.5mm 厚的垫片。

四、用三爪卡盘车偏心零件的指标特性

1. 加工精度要求不高；
2. 偏心距较小，一般≤6mm；
3. 工件较短，形状较简单，适合批量加工。

五、垫片厚度计算

公式　$x=1.5e\pm K$　　$K\approx 1.5\Delta e$

公式中，x 为垫片厚度，mm；　　e 为偏心距，mm；

K 为偏心距修正值，mm；　　$\triangle e$ 为试切后实测偏心误差，mm。

六、加工步骤

1. 三爪卡盘夹毛坯伸出长度 50mm，车平端面。

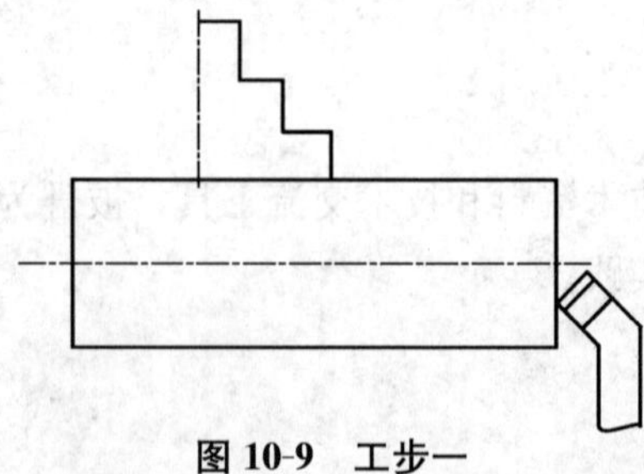
图 10-9　工步一

2. 车一件工艺夹头（如图：长 10mm，直径 ø15mm，比例 5∶1）。

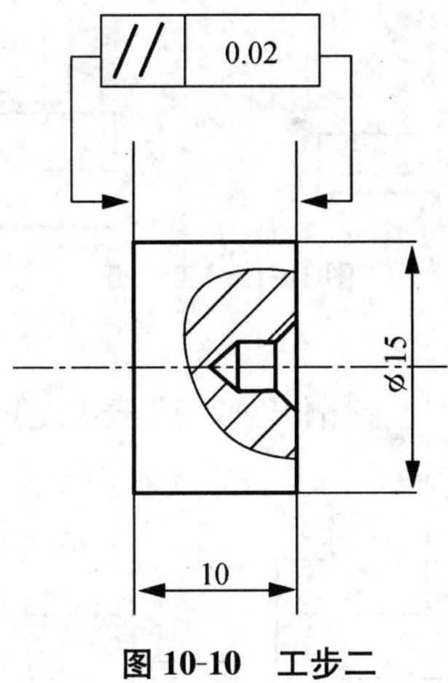

图 10-10　工步二

3. 三爪卡盘夹毛坯外圆夹持长度 6mm，用工艺顶头顶住已车好的端面，用划针校正后夹紧，车外圆 $ø32_{-0.03}^{\ 0}$mm。

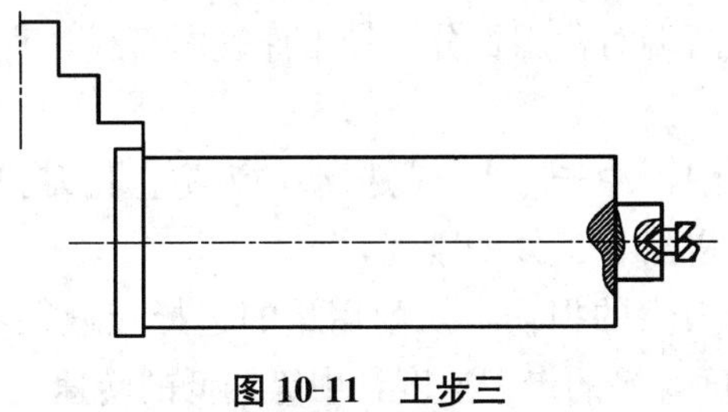
图 10-11　工步三

4. 夹已经车好的 ø32mm 外圆，车去夹头部分，车好总长。

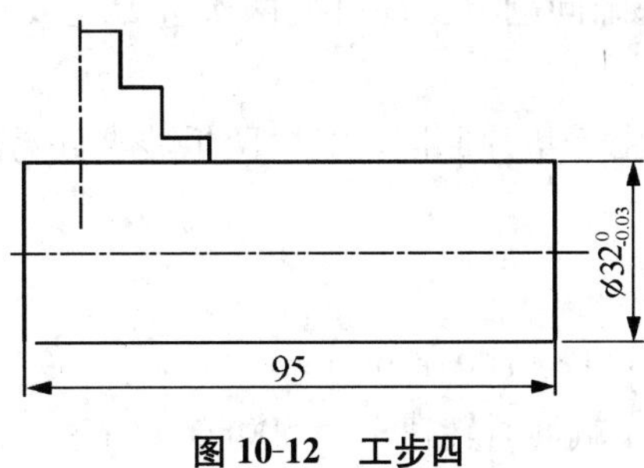

图 10-12　工步四

5. 夹已经车好的 $ø32_{-0.03}^{\ 0}$mm 外圆，并在其中一个卡爪与工件接触面间加入垫片，伸出长度 40mm，用百分表分别在 0°和 90°两个方向测量工件表面，母线直线度小于 0.05mm，测量长度 60mm，夹紧钻 A3 中心孔，活顶尖顶中心孔粗车 ø22mm 外圆，留余量 0.5mm。退出后顶尖，精车 ø22mm 至图纸要求。

（测量示意图）

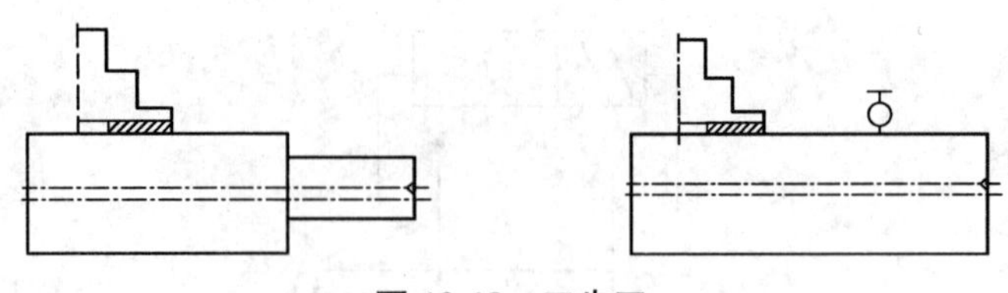

图 10-13　工步五

6. 夹车好的 ø22mm 外圆（垫铜皮），拉表后打中心孔，一夹一顶车另一端 ø$22_{-0.03}^{0}$mm 至图纸要求。

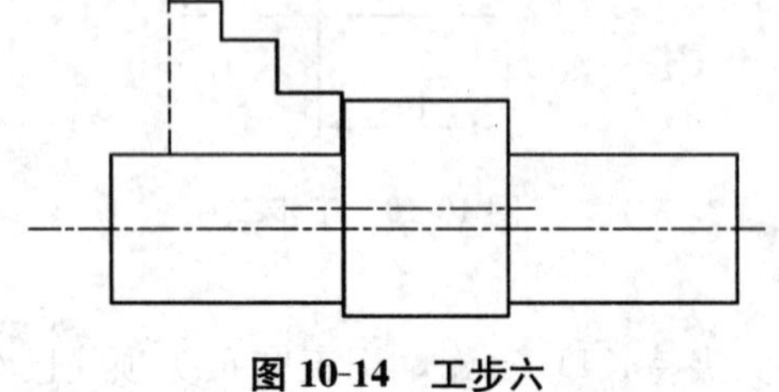

图 10-14　工步六

七、车削分析

1. 由于工件较短，且两端对称用百分表校工件表面素线，直线度的有效长度以 60mm 为宜。

2. 偏心工件为断续切削，冲击力大，易振动，为防止扎刀和因振动引起的工件位移：

① 增加工艺中心孔，以增加工件的刚性；

② 为保护断续切削对刀尖的损伤，切削用量的选择应遵循不规则工件外圆车削的一般规律，采用大的吃刀深度，慢的走刀速度，中等偏低的转速。

3. 由于偏心轴的偏心较小，且伸出长度短，又有中心孔支撑，车削中尽可能一次性进刀完成粗车（a_p <10mm）。

4. 考虑到学生的专业基础问题，工件可按两次进刀完成粗车，但第一刀的切削深度 $a_p \geqslant x+1$mm。

5. 偏心外圆 ø32mm 处由于垫片原因，其中两爪装夹处易产生较深的夹痕，应做好保护措施。

八、切削用量的选择

1. 钻中心孔，转速为 (500 ～ 700)r/min ；

2. 车削 ø32mm 外圆及车端面时转速选择 500r/min ；

3. 车削 ø22mm，粗车可选择：a_p =6mm 、f =0. 05mm 、n =300r/min ；

4. 精车 ø22mm 外圆时可选择 700r/min 的转速。

九、注意事项

1. 车削偏心外圆时不得选择高转速和大的进刀量；

2. 开始对刀车削时，必须考虑偏心距增加的距离。

课题三　车削 V 带轮

在机械传动中 V 带轮通过中间挠性件（带和链）传递运动和动力。适用于轴中心距离较大的场合，结构简单、成本低廉，具有良好过载、打滑、失效的防卫功能，可缓和冲击，是机械传动中常用的零部件。

一、图样展示

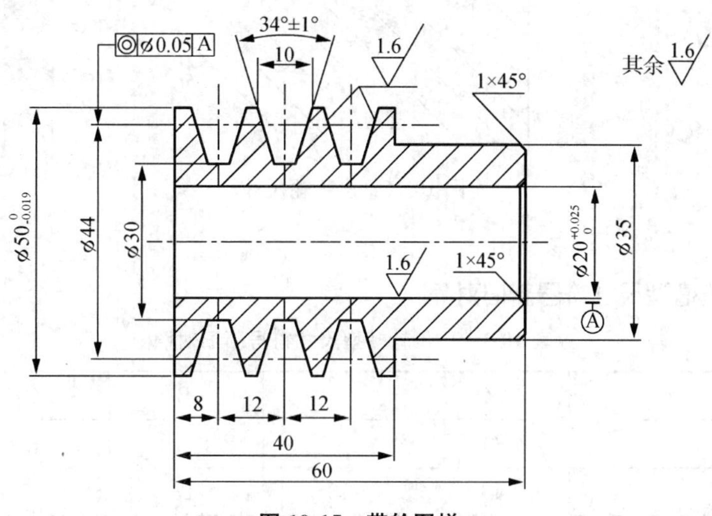

图 10-15　带轮图样

二、普通 V 带轮最小基准直径

表 10-1　V 带轮型号

型号	Y	Z	A	B	C
最小基准直径	20	50	75	125	200

三角皮带中心线所在的皮带轮直径，叫作皮带轮的计算直径。

表 10-2　V 带轮皮带型号

尺寸	皮带型号						
	O	A	B	C	D	E	F
h	10	13	17	22	32	33	50
e	10	13	17	22	30	36	48
u	3	4	5	7	9	12	16
t	12	16	21	27	38	44	58
s	9	12	15	18	23	26	32

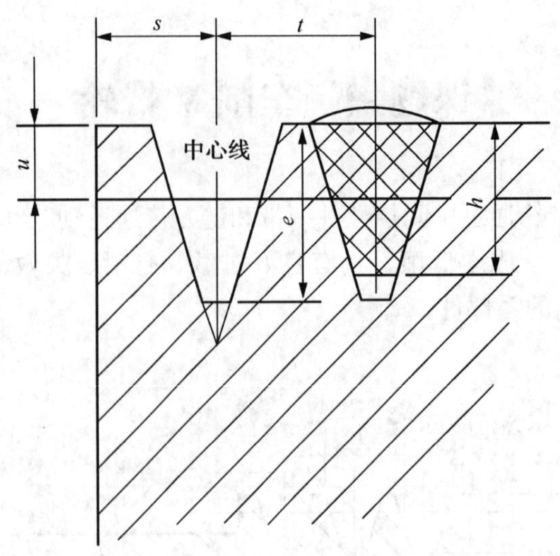

图 10-16　皮带轮尺寸

三、V 带轮槽型尺寸符号新旧对照

表 10-3　V 带轮槽型尺寸符号新旧对照

新	型号	Y	Z	A	B	C	D
旧			O	A	B	C	D
顶宽	$b=a$	6	10	13	17	22	32
带轮中心距 e		8±0.30	12±0.30	15±0.30	19±0.30	25.5±0.30	
旧	t		12	16	21	27	38
新	F	6	7	9	11.5	16	
旧	s		9	12	15	18	26

四、图样分析

1. 工件总长 60mm，最大直径 $\phi 50_{-0.019}^{\ 0}$ mm；
2. 内孔 ø20 与 V 带轮槽有较高的同轴度要求；
3. V 带槽粗糙度值 $Ra1.6\mu m$；
4. 重点是保证同轴度公差的工艺路线；
5. 难点是切槽刀的刃磨及保证切刀安全的工艺步骤。

五、车削加工的准备

1. 材料准备：（Q235）下料 ø50×63mm；
2. 刀具准备：（YT15）90°正偏刀、34°成形刀、切断刀、车孔刀；
3. 量具准备：塞规 ø20H8、游标卡尺（0～150）mm、钢板尺（0～150）mm；
4. 其他：A3 中心钻、对刀板、切削油。

六、切断刀的刃磨

由于轮槽的深度较大，要求切刀刃磨对称，前角圆弧不能太深，如图 10-17。

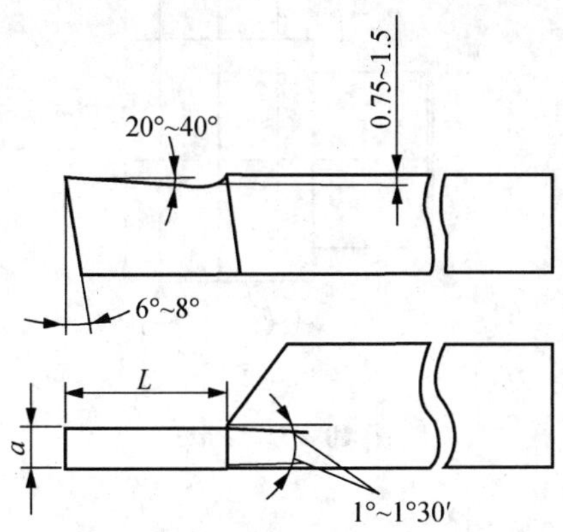

图 10-17　切断刀的参数

① 切槽刀宽度：$a=(0.5\sim0.6)\sqrt{d}=(3.5\sim4.2)$mm；

② 刀体长度：$L=h+(2\sim3)$ mm＝（12～13）mm。

七、切削油

1. 选择 50％浓度的乳化液。

2. 选择 20％煤油和 80％机油配比成的合成油。

八、车削步骤及图示

1. 夹毛坯伸出长度 45mm，车平端面打中心孔，顶中心孔车外圆 $\phi50_{-0.019}^{\ 0}$mm，留精车余量 0.5mm。

2. 调头夹 ø50mm 处（伸长 25mm）车外圆 ø35mm，长 20mm，倒角 C1。

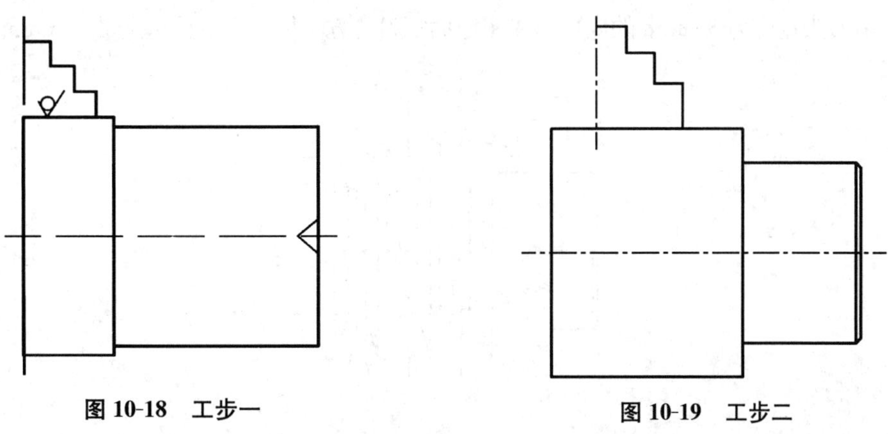
图 10-18　工步一　　图 10-19　工步二

3. 调头夹 ø35mm 处，将外圆精车至 $\phi50_{-0.019}^{\ 0}$mm，划线（尖刀）以大端面为基准，用划线刀尖对准端面横向零点，分别划第一槽 8mm 中心线，第二槽 12mm 中心线，第三槽 12mm 中心线，如图 10-20。

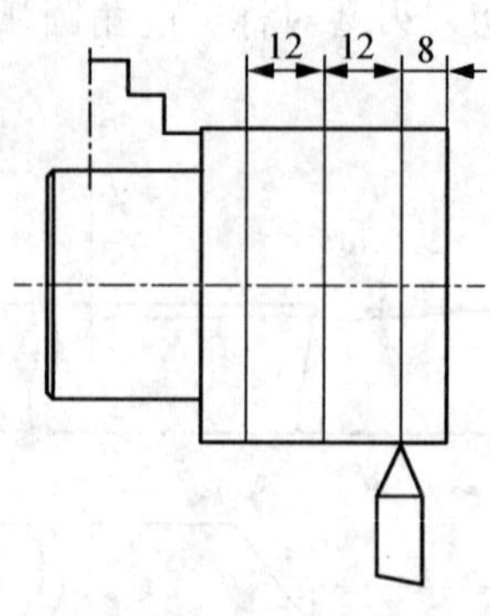

图 10-20　工步三

4. 用切刀分别在 V 槽中心线处切槽，切槽深度一次完成车至 ø30mm。

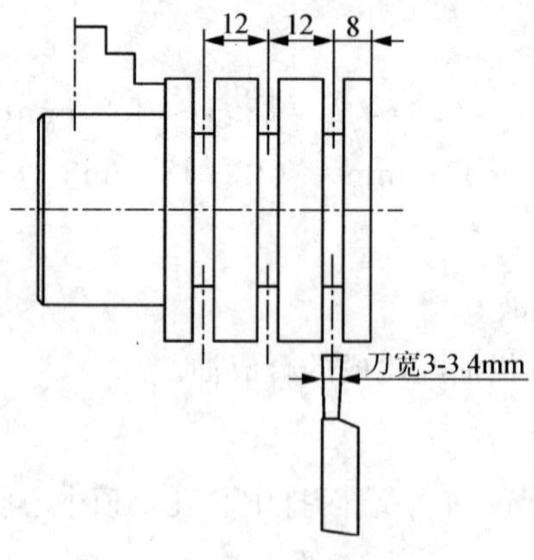

图 10-21　工步四

5. 用刀头宽度为 3.5mm 的成形刀采用两面吃刀的方法扩槽，留精车余量 0.5mm。

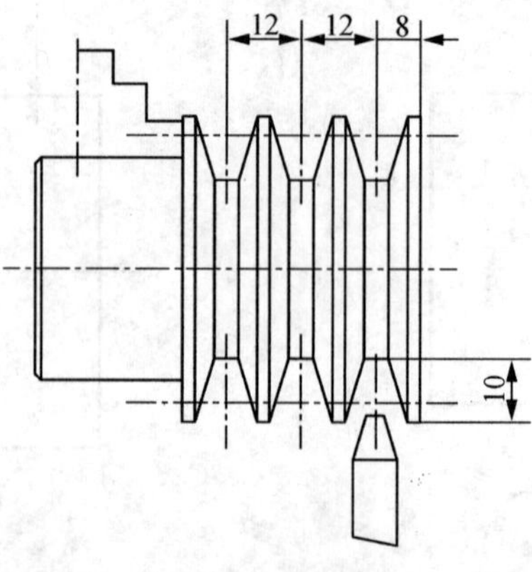

图 10-22　工步五

6. 钻 ø18mm 孔，车 ø20mm 孔，用锪钻锪 45°孔。

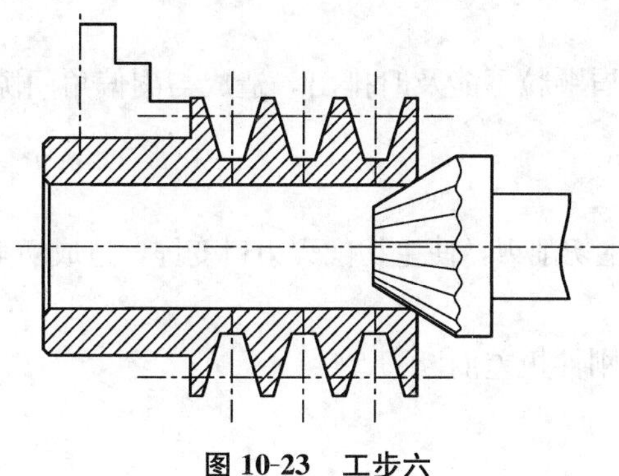

图 10-23　工步六

7. 用活顶尖顶 45°部位，精车 V 带槽至图纸要求。

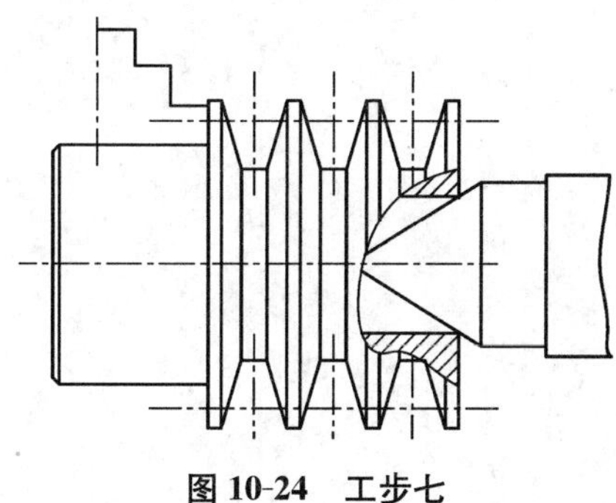

图 10-24　工步七

8. 精车顺序指导。

① 用成形刀车右端第一槽底尺寸至 ø30mm，以此定中滑板刻度零位；

② 用成形刀低速车第一槽右槽面，并测量控制 3mm 处尺寸；

③ 车第一槽左槽面，并测量槽宽 10mm；

④ 车第二槽槽底右端槽面，测槽顶宽 2mm，以此类推。

9. 切削用量的选择。

① 车端面用 (400 ～ 500)r/min ，走刀量 $f = 0.24$mm/r ；

② 车 $ø50_{-0.019}^{\ 0}$ mm 外圆选择主轴转速 500r/min ；

③ 钻中心孔选择 700r/min ；

④ 切槽选择 202r/min ，走刀量 $f = 0.12$mm/r ；

⑤ 钻孔和车孔选择 202r/min 左右；

⑥ 粗车槽选择 90r/min ，精车选择 30r/min 。

九、注意事项

1. 必须利用工艺手段保证公差中同轴度的精度；

2. 由于带槽切削深度较大，$a_p = 10$mm ，最易因切屑排出不畅而造成断刀现象；

3. 充足的冷却液是防止断刀的最有效方法。

造成断刀的最主要原因有三种：

第一种：

切削过程中细小的切屑颗粒不能及时排出，造成与副偏角间隙处出现挤压、研磨现象而断刀。

第二种：

因切削热过大而烧坏主切削刃，使主切削刃刃口变钝，造成切削阻力突然加大而断刀。

第三种：

切刀底面不平，刀杆刚性极差而断刀。

模块十一　螺纹车削

课题一　车削方牙螺纹

一、图样展示

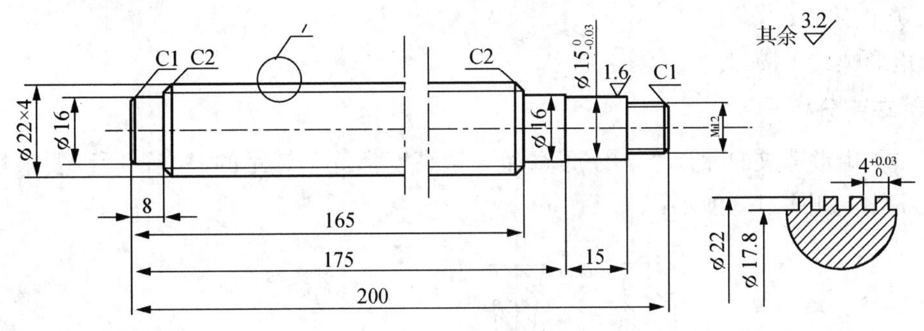

图 11-1　方牙螺纹图样

矩形螺纹的轴向断面形状为正方形，其牙顶宽、牙底宽和牙型高度都等于螺距的一半。

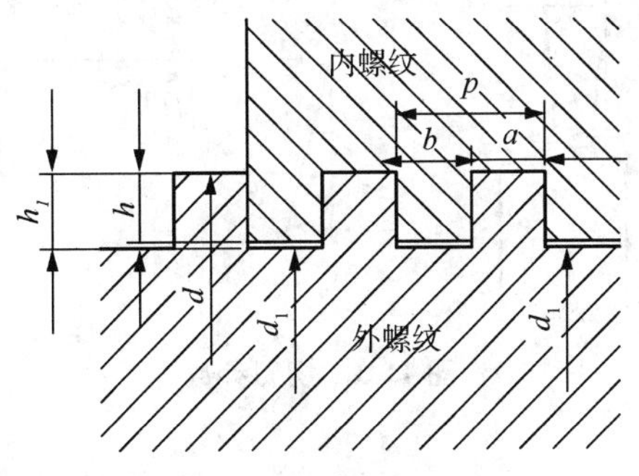

图 11-2　方牙螺纹尺寸示意图

矩形螺纹基本牙型及尺寸计算（单位：mm）。

表 11-1　螺纹尺寸计算

名　称	代　号	计算公式
大径	d	由设计决定
螺距	p	由设计决定

续表

名　称	代　号	计算公式
外螺纹牙槽宽	b	$b=0.5p+(0.02\sim0.04)$
外螺纹牙宽	a	$a=p-b$
螺纹的工作高度	h	$h=0.5p$
螺纹的实际高度	h_1	$h_1=0.5p+(0.1\sim0.2)$
外螺纹小径	d_1	$d_1=d-2h_1$
内螺纹小径	$d_1{}'$	$d_1{}'=d-p$

二、准备工作

1. 90° 正偏刀；

2. 矩形螺纹车槽刀。

三、车削分析

1. 由于矩形螺纹的牙顶宽、牙底宽和牙型高度都等于螺距的一半，所以要求螺纹刀磨成切刀型，如图 11-3 所示：

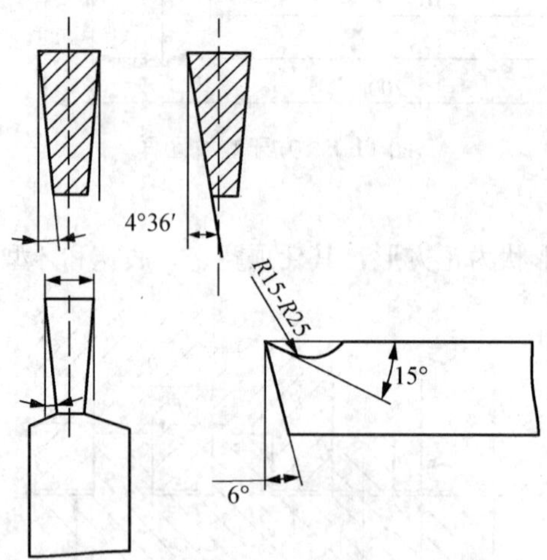

图 11-3　切刀参数

2. 切刀的切削刃根据螺旋角的大小左端应低于右端；

3. 为保证矩形螺纹两侧面有较好的粗糙度值，从一开始必须控制进刀深度，一般每次 $a_p=0.1$mm。

四、车削步骤

1. 车端面、打中心孔、车夹头；

2. 划线、车端面保证总长，打中心孔；

3. 一夹一顶车大外圆，留余量，两端外圆统一车至 ø16mm；

4. 精车螺纹大外圆，车矩形螺纹至图纸要求；

5. 精车各台阶轴公差，车 M12 螺纹至图纸要求。

五、切削用量的选择

1. 选择 200 r/min 车端面，打中心孔；
2. 选择 450r/min 走刀速度车外圆；
3. 选择 40r/min 左右车螺纹（冷却润滑要充足）；
4. 选择 500r/min 车各外圆公差；
5. 最后 300r/min 车螺纹。

课题二　车梯形螺纹

梯形螺纹是应用广泛的一种传动螺纹，基本特点是精度要求高，传动平稳，在各类机床中被广泛应用，如机床中母丝杠，中、小滑板的丝杠等。而车削螺纹是最常用的方法，也是车工重要技能之一。

一、图样展示

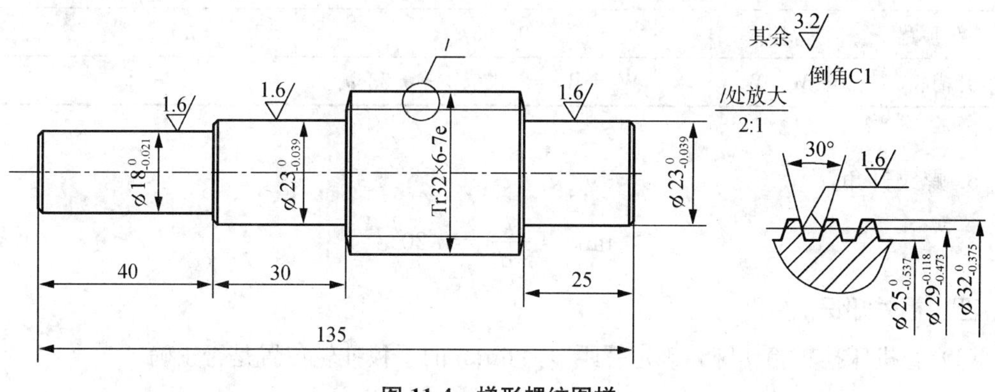

图 11-4　梯形螺纹图样

二、图样分析

1. 标记：Tr32×6－7e；

　　Tr — 梯形螺纹代号；

　　32 — 公称直径；

　　6 — 导程（螺距）；

　　7e — 外螺纹公差带。

2. 台阶轴部分，公称直径为 ø32mm、ø18mm 为公差轴。

① 有配合关系；

② ø18mm 直径细小且刚性较弱。

三、知识点和技能点

1. 梯形外螺纹各部分尺寸计算；

2. 梯形螺纹车刀各部分角度；

3. 梯形螺纹公差；

4. 梯形外螺纹的测量；

表 11-2　梯形外螺纹各部分名称、代号及计算公式

名　称		代号	计　算　公　式			
牙型角		α	$\alpha=30^\circ$			
螺　距		p	由螺纹标准确定			
牙顶间隙		a_c	p	1.5～5	6～12	14～44
			a_c	0.25	0.5	1
外螺纹	大径	d	公称直径			
	中径	d_2	$d_2=d-0.5p$			
	小径	d_3	$d_3=d-2h_3$			
	牙高	h_3	$h_3=0.5p+a_c$			
牙顶宽		f　f'	$f=f'=0.366p$			
牙槽底宽		W　W'	$W=W'=0.366p-0.536a_c$			

5. 螺纹升角：

$$\tan\varphi=\frac{p}{\pi d_2}=3^\circ 20'$$

四、相关知识

（1）查机床挂轮箱铭牌，确定螺距 $p=6$mm 的手板挂轮位置是否正确。

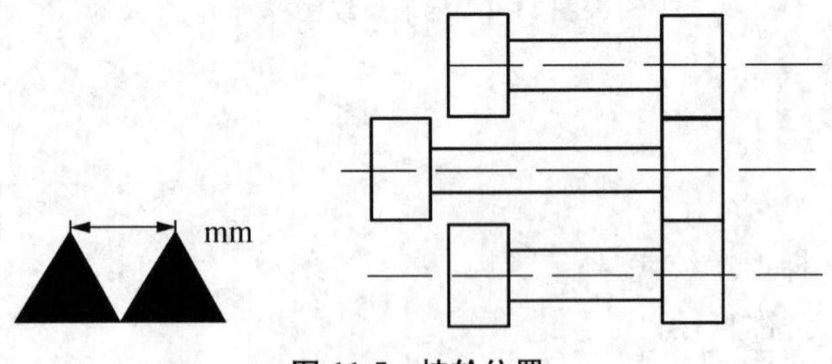

图 11-5　挂轮位置

（2）按下开合螺母，用车刀在螺纹外圆表面浅浅地划一条螺旋线，测量 10 牙累计长度，验证螺距是否正确。

车削螺纹前应先查表计算出大径 d、中径 d_2、小径 d_3、牙高 h_3、牙槽底宽等后续加工所必须的相关数据。

① 公称直径。

$d=32\text{mm}$；　　$h_3=0.5p+a_c=3.5\text{mm}$；

$d_2=d-0.5p=29\text{mm}$；　　牙顶宽 $f=f'=0.366p=2.19\text{mm}$；

$d_3=d-2h_3=25\text{mm}$；　　牙底宽 $W=W'=0.366p-0.536a_c=1.93\text{mm}$。

② 标准规定。

梯形螺纹 d 、d_3 基本偏差（上偏差）为零：

大径公差 $Td=0.375\text{mm}$；　　大径 d 公差带 $\phi32_{-0.375}^{\ 0}$；

中径公差 $Td=0.355\text{mm}$；　　中径 d_2 公差带 $\phi29_{-0.473}^{-0.118}$；

小径公差 $Td=0.537\text{mm}$；　　小径 d_3 公差带 $\phi25_{-0.537}^{\ 0}$；

中径 d_2 基本偏差（上偏差）为－0.118mm。

③ 求 M 值。

M— 三针测量时量针测量距的计算值，mm。

其中量针直径：　　$d_D=0.518p=3.1\text{mm}$；

公式　　$M=d_2+4.864d_D-1.866p$。

④ 求 A 值。

A 为单针测量值（单位 mm）。

$$A=\frac{M+d_0}{2}$$

表 11-3　四种梯形螺纹三针测量时量针测量距的计算值

四种梯形螺纹三针测量时量针测量距的计算值 单针测量值 $d=3.1$mm　　(单位：mm)				
内容	公　差			
	$T_r36\times6-7e$	$T_r32\times6-7e$	$T_r28\times5-7e$	$T_r24\times5-7e$
d	$\phi36_{-0.375}^{\ 0}$	$\phi32_{-0.375}^{\ 0}$	$\phi28_{-0.335}^{\ 0}$	$\phi24_{-0.375}^{\ 0}$
d_2	$\phi33_{-0.473}^{-0.118}$	$\phi29_{-0.473}^{-0.118}$	$\phi25.5_{-0.406}^{-0.106}$	$\phi21.5_{-0.406}^{-0.106}$
d_3	$\phi29_{-0.537}^{\ 0}$	$\phi25_{-0.537}^{\ 0}$	$\phi22.5_{-0.481}^{\ 0}$	$\phi18.5_{-0.481}^{\ 0}$
M	36.89	32.89	28.77	24.77

五、梯形螺纹车刀及刃磨

车削梯形螺纹一般都需经过粗车、半精车和精车三个阶段的切削过程。

1. 粗车刀。

批量生产丝杠的厂家为保障梯形螺纹的丝杠能实现低成本、高效率、高质量，将高速钢作为粗车的刀具材料广泛应用。

(1) 车刀的几何角度及刃磨：粗车刀 1。

① 第一把粗车刀前刀面为直面型，径向前角选择 15° ～ 20° ，刀头长度 6mm 以保持较好的强度和刚性。

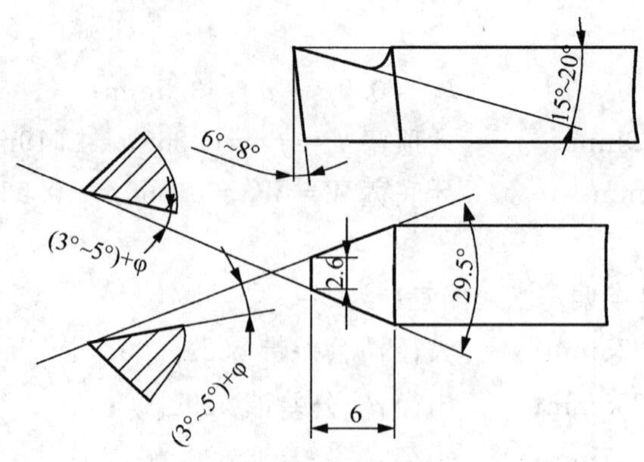

图 11-6　车刀几何参数（一）

②顺刀方向的主后角为 $5°+\varphi=8°20'$，背刀方向的主后角为 $5°-\varphi=2°20'$

③采用直进法，吃刀深度 0.2mm，每次进刀 1～3 刀时 $a_p=0.2$mm，4～6 刀时 $a_p=0.1$mm。

（2）粗车刀 2

① 第二把粗刀前刀面为圆弧型，前角可达 25°，刀头长度 10mm，刀头宽度 2mm。

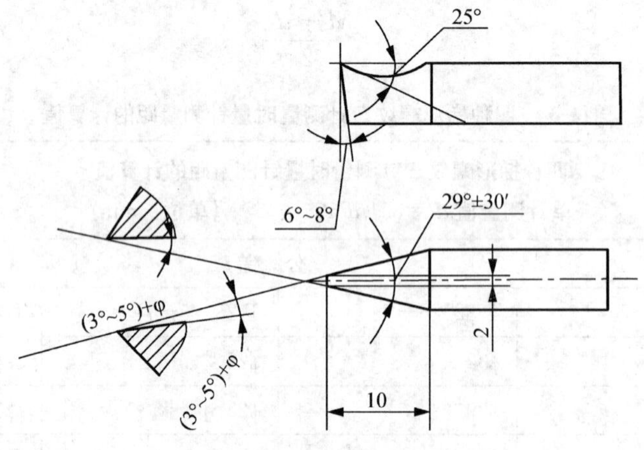

图 11-7　车刀几何参数（二）

②采用直进法加左右进刀法。

顺刀方向的主后角为 $5°+\varphi=8°20'$；背刀方向的主后角为 $5°-\varphi=2°20'$。

1～4 刀时 $a_p=0.1$mm，从第五刀开始采用右进刀法加直进车削，总计 $a_p=2$mm。

2. 精车刀与精车。

（1）由于车刀磨有 10° 径向前角，刀具的牙型角将发生变化，刃磨时牙型角要略小于 $29°30'\approx30°$。

（2）刀头宽度要小于槽底宽。

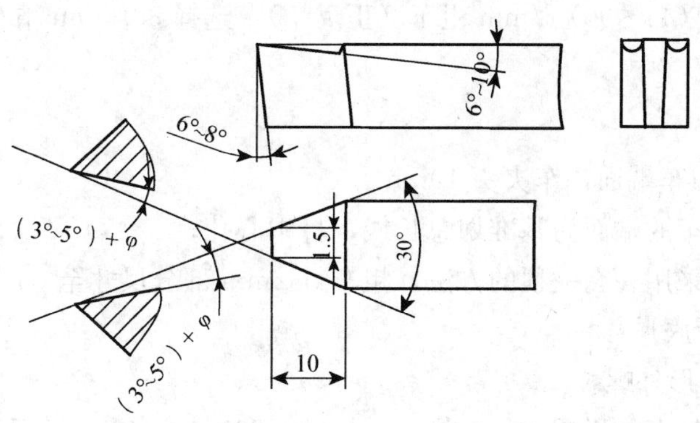

图 11-8　车刀几何参数（三）

(3) 梯形螺纹精车一般采用单面车削即径向定到零位移动小刀架，车削吃刀深度 0.02mm，转速 30r/min 。

(4) 切削油的选择：①乳化液；②豆油、菜油；③煤油加机油，煤油 30%、机油 70%。

3. 车刀的安装。

①梯形螺纹车刀的安装方式一般采用水平安装，有条件的导程较大的也可垂直安装。当遇有导程较大，又没有可调弹簧刀杆的也可通过刀具的刃磨，使前刀面向顺刀方向倾斜一个螺旋角，这种装刀优于水平装刀；

②刀具磨损需刃磨后再装刀（即二次装刀），必须在动态情况下完成。

4. 工件的装夹。

粗车梯形螺纹时螺距较大、切削力较大，为防止工件轴向串动，常采取固定轴向位置的措施（可车出工艺阶台）。

5. 机床调态。

调整中小滑板使其间隙松紧适当，调试主轴箱上左右摩擦片的松紧程度。

6. 梯形螺纹的车削方法。

低速车削梯形螺纹，采用直进法加左右进刀法粗车。

表 11-4　第一把粗车刀进刀次数与切削深度 总深度 $a_p = 1.4$mm　单位：mm

吃刀次数	1	2	3	4	5	6	7—8	9	10	11—12	13—14
吃刀深度	0.2	0.2	0.2	0.2	0.1	0.1	赶刀	0.1	0.1	赶刀	0.1

表 11-5　第二把粗车刀进刀次数与切削深度 总深度 $a_p = 1.4$mm　单位：mm

吃刀次数	1—2	3—4	5—9	10	11—13	14—16	17—18	19—21	22—24
吃刀深度	0.2	0.1	赶刀	0.2	0.1	赶刀	0.1	赶刀	0.1

表 11-6　第三把精车刀进刀次数与切削深度 总深度 $a_p = 1.4$mm　单位：mm

吃刀次数	1	2	3—6	7	8	9	10	11	……
吃刀深度	0.1	0.1	赶刀	0.1	0.1	0.04	0.04	0.04	0.04

切削用量选择（44～90）r/min 粗车（正反车），选择 30r/min 精车。

六、加工步骤

1. 车台阶轴部分。

（1）用 45°偏刀车端面，车夹头 10mm；

（2）调头，以车的端面为基准划总长线，打中心孔；

（3）夹头部分采用一夹一顶的方法，粗车 ø32mm 部分尺寸至 ø32.3mm，两端台阶外圆车至 ø25mm（牙底尺寸）。

2. 低速车削梯形外螺纹。

（1）粗车、半精车梯形螺纹，选择 $n=(40\sim 90)$r/min 采用正反车车削；

（2）精车选择 $n=(10\sim 40)$r/min，单面吃刀，$a_p=0.02$mm/r；

（3）两顶尖装夹，精车各公差尺寸达图纸要求。

七、车削图示

1. 车端面，打中心孔，车夹头。

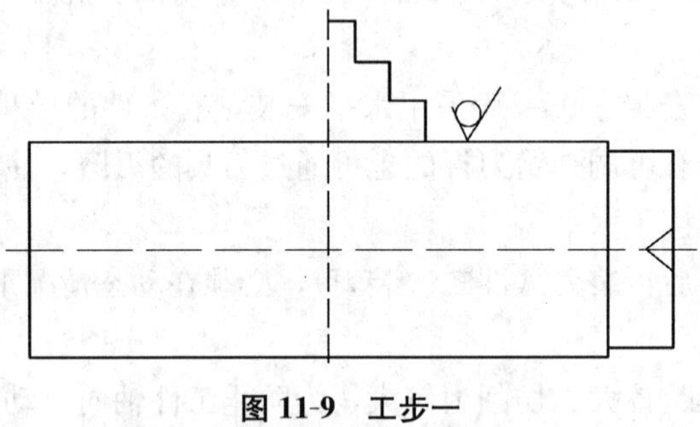

图 11-9　工步一

2. 调头，总长划线，工件伸长 50mm，车端面，保证总长，打中心孔。

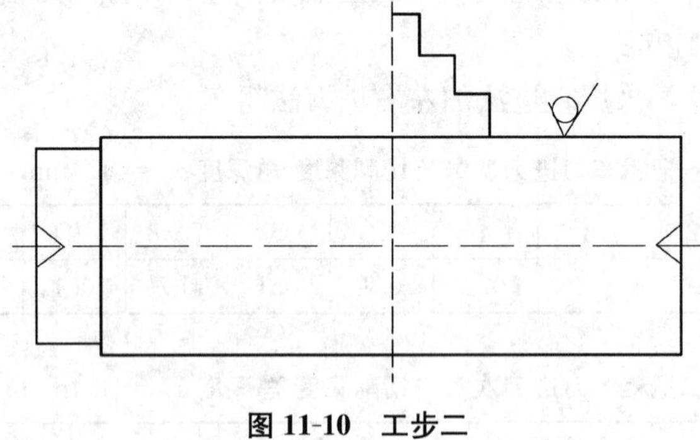

图 11-10　工步二

3. 一夹一顶车 ø25mm 外圆，长 70mm。

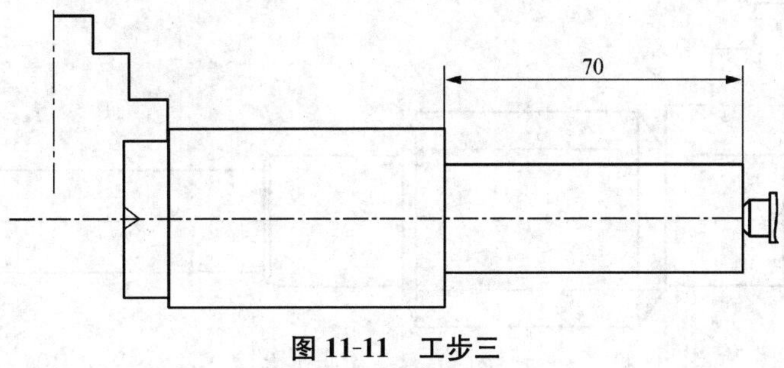

图 11-11　工步三

4. 调头伸长 90mm，车另一端 ø25mm 外圆，ø36mm 螺纹部分外圆。

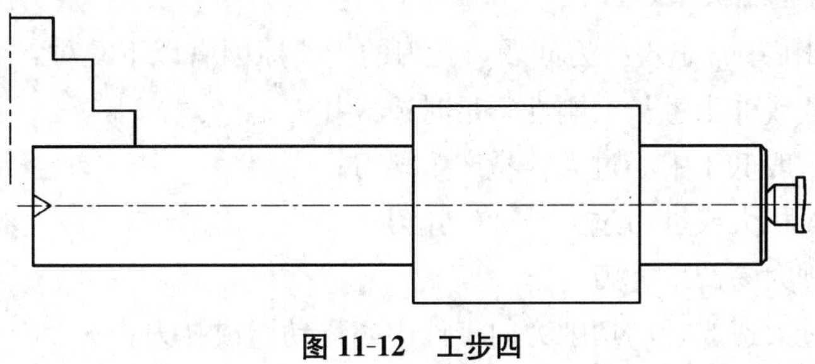

图 11-12　工步四

5. 粗、精车梯形外螺纹。

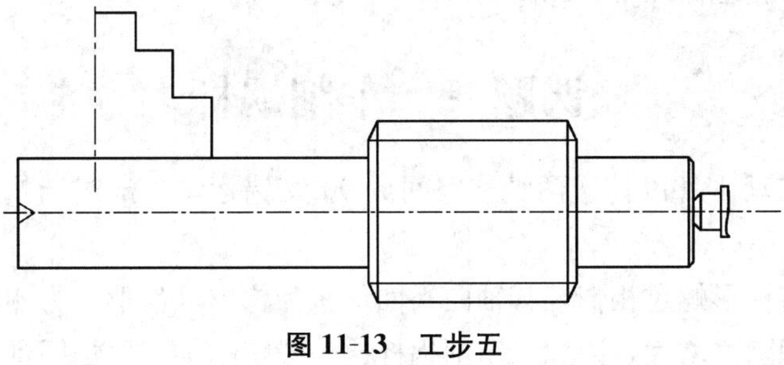

图 11-13　工步五

6. 精车小外圆。

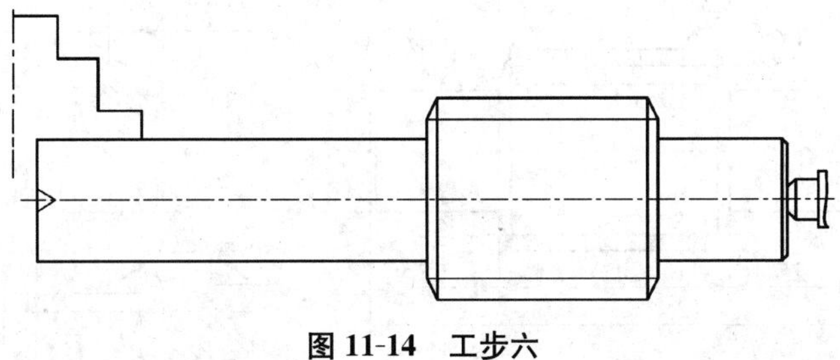

图 11-14　工步六

7. 调头（一夹一顶车削），粗精车两台阶。

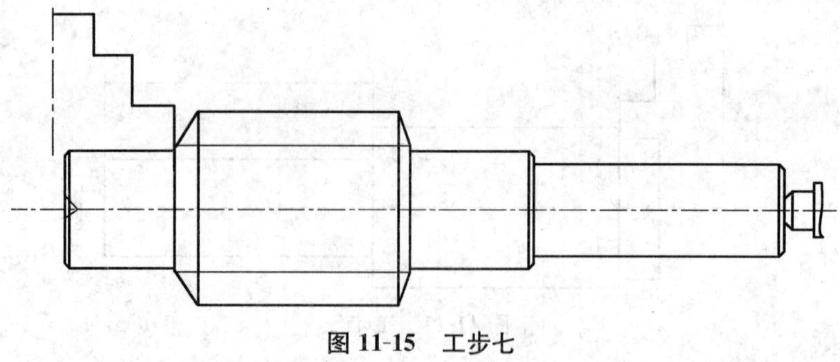

图 11-15　工步七

八、梯形螺纹车削质量分析

在梯形螺纹加工中常出现扎刀问题，扎刀的主要原因有以下几种：

1. 刀杆强度低或伸出过长，刚性不足时造成扎刀；
2. 车刀刀尖一般低于中心过大容易产生扎刀；
3. 刀具接触面积大或进刀过大易产生扎刀；
4. 机床间隙过大易产生扎刀；
5. 车刀前角过大造成径向切削力向工件中心移动造成扎刀；
6. 工件刚性不足产生扎刀；
7. 切削时冷却液使用不充足造成热量过大而磨损扎刀。

建议：要尽可能地保证不要三面吃刀。

课题三　车削蜗杆

蜗杆是减速传动零件以传递两轴在空间成 90°交错运动，通过与蜗轮的啮合运动达到减速的目的。

蜗杆的齿形与梯形螺纹相似，其轴向断面形状为梯形（齿形角为 40°），由于蜗杆牙型深度深，切削面积随之增大，因此，车削蜗杆比一般螺纹加工更加困难。

一、图样展示

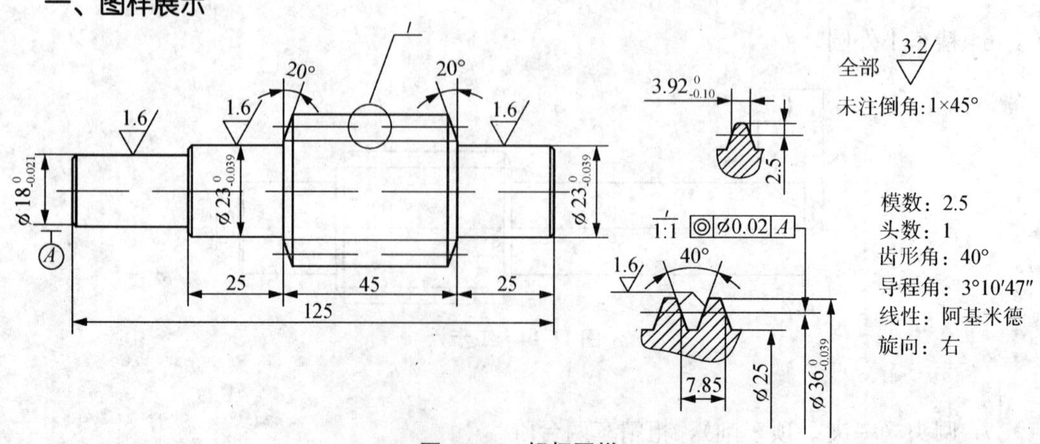

图 11-16　蜗杆图样

二、图样分析

1. 分度圆与工件对称中心有 0.02mm 的同轴度要求；

2. 法向齿厚 $3.92_{-0.10}^{\ 0}$ mm；

3. 难点是当切削深度车到 $a_p=4$mm 时，进入困难期，应十分注意避免扎刀；

4. 重点是工艺的拟订，确保同轴度的形位公差要求。

三、车削准备

1. 下料准备：ø40×130mm。

2. 高速钢蜗杆车刀两把、精车刀一把、90°偏刀、45°偏刀。

3. 量具：齿厚游标卡尺、(0～150)mm 游标卡尺、(0～25)mm 千分尺、(25～50)mm 千分尺。

4. 其他：自制 60°前顶尖、鸡心夹、冷却液（乳化液）、切削油（20%煤油与 80%机油的混合油）。

四、蜗杆加工的主要参数和名称

1. 导程 $l=z_1\pi m_x$ ；

2. 齿顶圆直径 $d_a=d_1+2m_x=36$mm ；

3. 分度圆直径 d_1（基本参数），$d_1=d_a-2m_x=31$mm ；

4. 齿根圆直径 $d_f=d_a-4.4m_x=25$mm ；

5. 导程角 γ ，$\tan\gamma=\dfrac{l}{\pi d_1}$　$\gamma=4°36'$ ；

6. 全齿高 $h_a=2.2m_x$ ；

7. 齿顶宽（轴向）$f_x=0.843m_x=2.17$mm ；

8. 齿根宽（轴向）$W_x=0.697m_x=1.74$mm 。

五、蜗杆的测量方法

1. 齿顶圆直径测量：可用公法线千分尺测量，也可用带百分表的（0～300）mm 游标卡尺测量；

2. 齿根圆，一般采用外卡钳或用中滑板刻度保证；

3. 蜗杆测量的部位主要是法向齿厚，用齿厚游标卡尺测量。

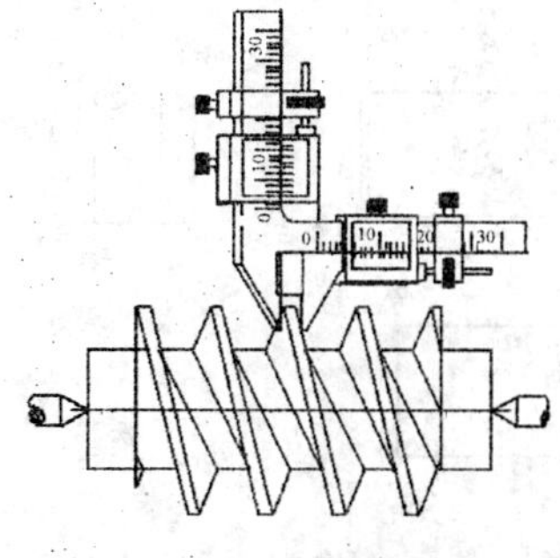

图 11-17　齿厚游标卡尺

图 11-18　外卡钳

六、蜗杆的车削与车刀的几何形状

蜗杆车刀选用高速钢材料。由于蜗杆牙型较深、导程大，为提高加工质量，车削时必须按螺纹加工的一般步骤分粗车、半精车、精车的程序进行。

1. 蜗杆粗车刀（两把刀）。

第一把粗车刀：开径向直面前角 15° ～ 20°，刀头宽度 3mm；

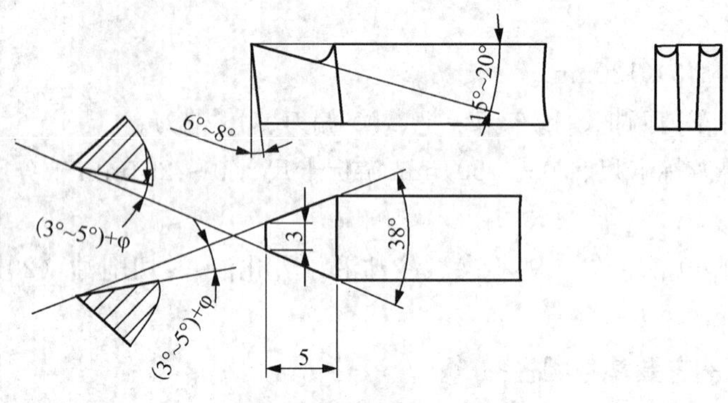

图 11-19　粗车刀一参数

第二把粗车刀：开圆弧形前角 15° ～ 20°，刀头宽度（1. 8 ～ 2）mm。

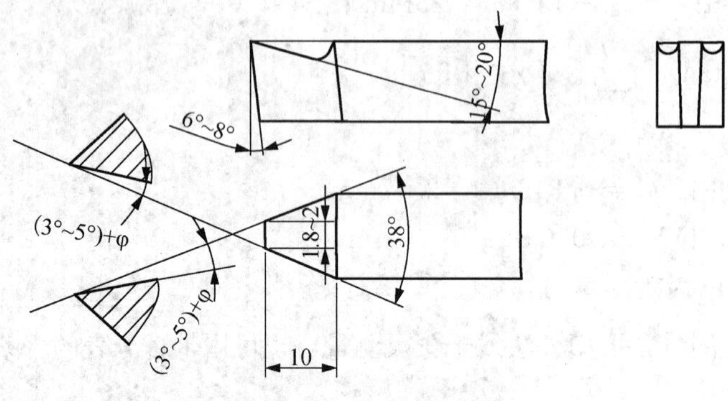

图 11-20　粗车刀二参数

2. 蜗杆精车刀：刀头宽度小于齿根槽宽度，开有 10°径向前角。

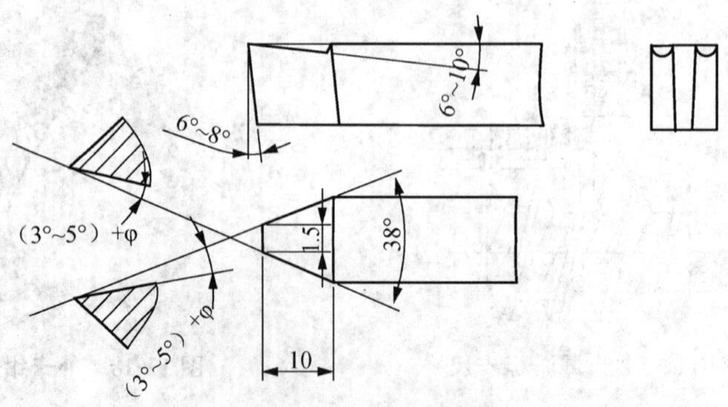

图 11-21　精车刀参数

七、蜗杆车刀的安装

蜗杆粗车刀的安装一般以垂直安装为宜。在没有旋转刀杆的情况下可以通过刀具的刃磨方法获得，即磨成两侧切削刃与两齿面垂直。

1. 蜗杆的精车刀安装。

必须以水平安装为准。只有水平装刀法才能保证齿形的正确。

2. 垂直安装粗车刀的优点。

① 可以避免背切削方向切削刃成为负前角造成的切削不顺畅；

② 减少刀具振动和扎刀的几率；

③ 切屑形状正常、切屑流向合理。

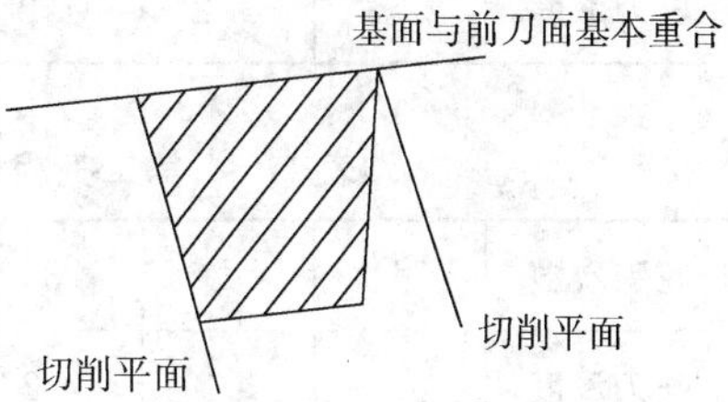

基面与前刀面基本重合

切削平面

切削平面

图 11-22　车刀安装

八、蜗杆车削工艺分析

1. 蜗杆两端台阶轴部分直径为 ø23mm，最小处为 ø18mm，刚性差，易变形、弯曲；

2. 车蜗杆前应制订工艺保证以减少变形和弯曲。

九、加工步骤

1. 夹毛坯，伸出长度 50mm，车平端面，打中心孔 *B*3；

2. 调头划线车总长，车夹头 10mm，打中心孔 *B*3；

3. 采用一夹一顶车外圆 ø36mm 部分尺寸至 ø36.5mm，车 ø23mm 部分尺寸至 ø25mm，调头车 ø23mm 部分尺寸至 ø25mm（工艺要求车削螺纹时工件刚性处于最佳状态）；

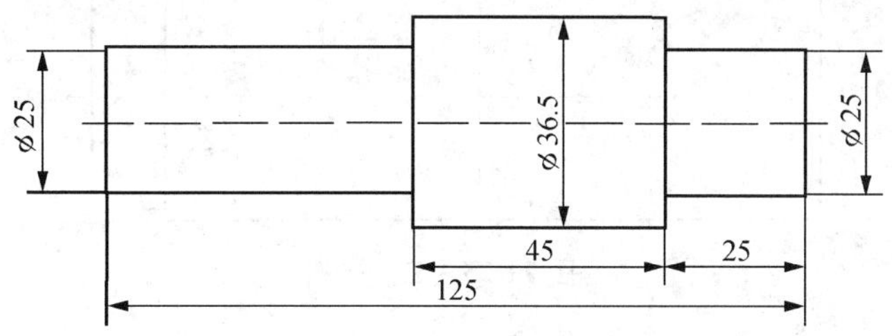

图 11-23　加工步聚

4. 以上选择机床转速（400 ～ 600）r/min，打中心孔选择 700r/min；

5. 确定 m_x =2.5mm，挂轮位置，进给箱扳手位置；

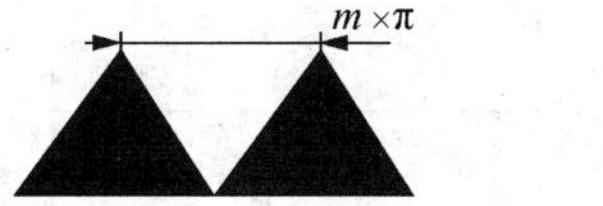

$\frac{3}{D} - \frac{IV}{M}$

图 11-24　挂轮位置

6. 用三爪卡盘一夹一顶先在 ø36.5mm 外圆处车削一刀，a_p = 0.05mm 、m_x = 7.85mm；

7. 分粗、半精、精车进行车削。

表 11-7　第一把粗车刀进刀次数与切削深度总深度 $a_p = 2.4$mm　　单位：mm

进刀次数	1	2	3	4	5	6	7—10	11—21	22—25	26—29
进刀深度	0.2	0.2	0.2	0.2	0.1	0.1	赶刀	0.1	赶刀	0.1

表 11-8　第二把粗车刀进刀次数与切削深度　　　　单位：mm

吃刀次数	1	2	3	4	5	6—8	9—14	15—19	20—23	24—26
吃刀深度	0.2	0.2	0.2	0.1	0.1	赶刀	0.1	赶刀	0.1	赶刀

第三把半精车刀首先确定齿根圆，定死刻度，采用左右车削法完成半精车。

精车刀半精车螺杆：用三爪卡盘活顶尖装夹半精车螺纹，齿牙面留精车余量 0.4mm，选择 40r/min；各公差轴外圆留精车余量 0.5mm，选 700r/min，f =0.24mm/r；

用两顶尖装夹半精车蜗杆齿面，精车各公差达图纸要求。精车齿面选用 30r/min，加点动配合，公差轴选用 700r/min，f =0.05mm/r。

十、主要工步图示

1. 车端面打中心孔，车夹头。

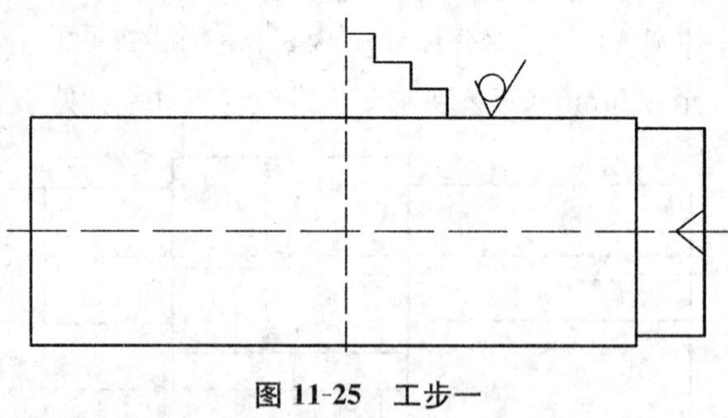

图 11-25　工步一

2. 调头，总长划线，工件伸长 50mm，车端面，保证总长，打中心孔。

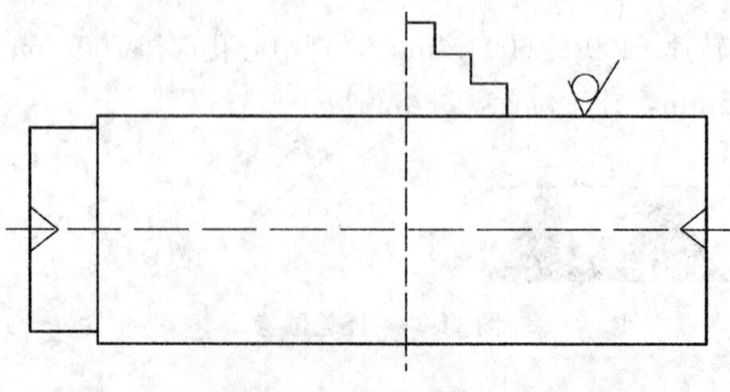

图 11-26　工步二

3. 一夹一顶车 ø25mm 外圆，长 55mm。

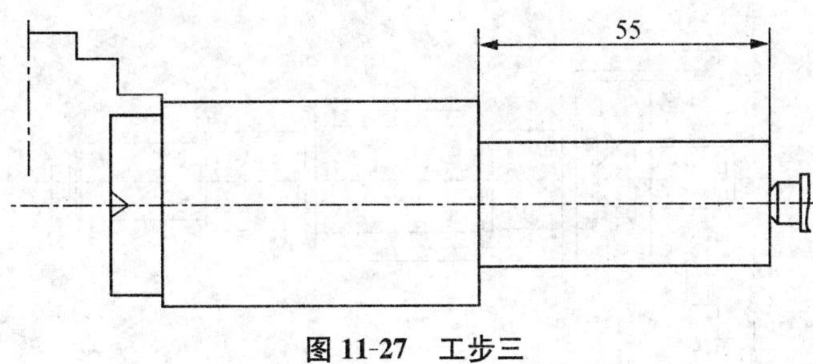

图 11-27　工步三

4. 调头伸长 90mm，车另一端 ø25mm 外圆，ø36mm 螺纹部分外圆。

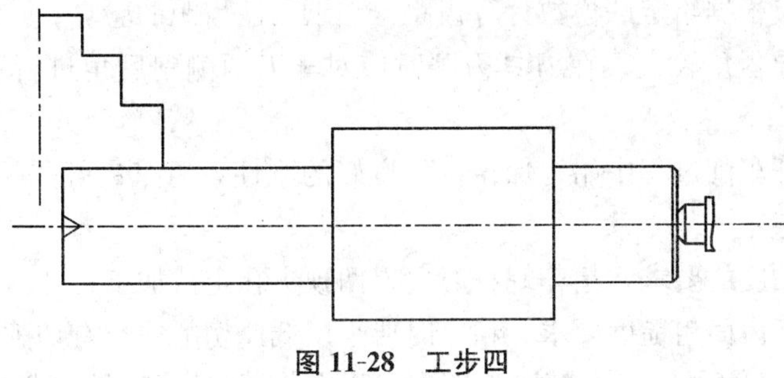

图 11-28　工步四

5. 粗车蜗杆。

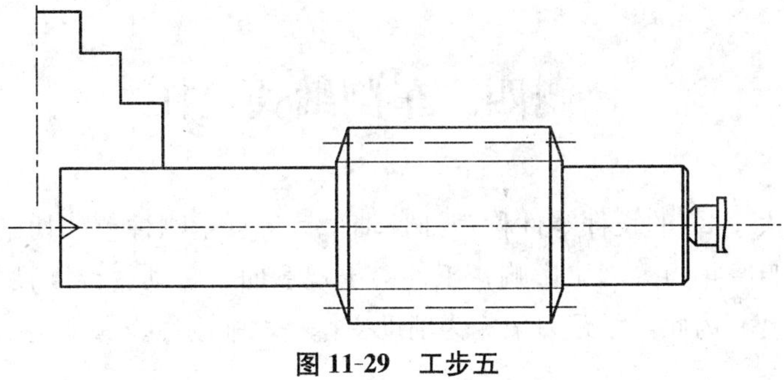

图 11-29　工步五

6. 调头粗车各外圆。

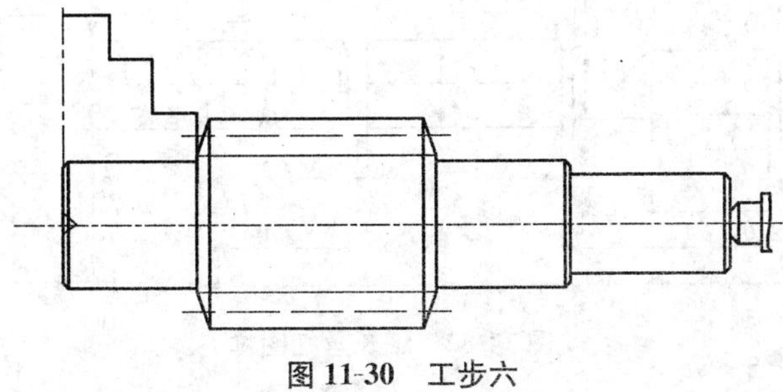

图 11-30　工步六

7. 两顶针精车齿面及各外圆。

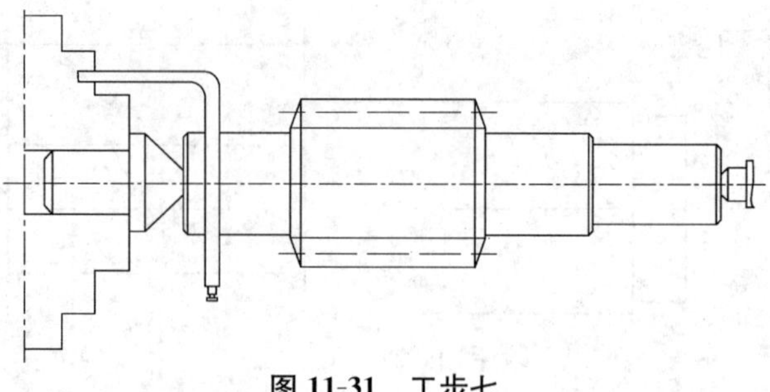

图 11-31　工步七

十一、要点提示

1. 车蜗杆前应根据给定的模数计算齿距，图纸已注齿距的验算；

2. 由于蜗杆导程角较大，在刀具刃磨时应对车刀两侧副后角进行适当的增减，精车刀两侧刀刃应平直；

3. 为保证蜗杆车削过程中始终保持工件良好的刚性，粗车最好采用一端用三爪卡盘，另一端用活顶尖装夹方式；

4. 为保证同轴度的要求，精车蜗杆时要以两顶尖孔定位加工；

5. 为保证蜗杆齿面粗糙度要求，精车时要采用低速切削并配有切削油；

6. 为保证蜗杆精度质量，粗、精加工必须分开进行，要避免一次性完成工件的粗、精车；

7. 齿顶宽是蜗杆粗车最主要的第一参照尺寸，齿根槽宽是完成牙底车削和精车刀刀尖宽度的重要依据。

课题四　车削细长丝杠

工件长径比大于 25 的长杆零件称为细长轴，其特点是刚性差。切削时因切削力、离心力、切削热、自身重力等因素影响，工件会出现弯曲、震动、锥度腰鼓、竹节等问题，很难保证加工精度。为此，用跟刀架作为辅助支撑是增强刚性、保证精度最有效的方法。

一、图样展示

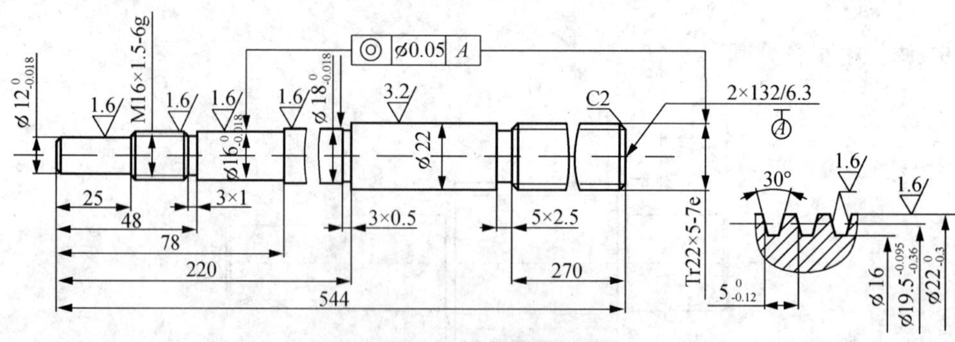

图 11-32　细长丝杠图样

二、图样分析

1. 工件长径比大于 25，属细长轴范围；

2. 螺纹部分 ø22mm、ø18mm、ø16mm 等公差有同轴度要求。

三、准备工作

1. 选择直径略大于 ø22mm 的棒料圆钢，车一件直径和工件工艺直径相同的外圆；

2. 选择 600r/min 研顶（称干研）通过大拖板的纵向运动使它的圆弧逐步和棒料外圆基本吻合；

3. 用中速加油、加研磨粉精研，最后与研磨棒完全吻合；

4. 毛坯料的校直。

细长杆件车削前一般要进行材料的热处理，主要目的是获得好的切削性能和均匀组织，同时要进行热校直，减少振动和弯曲。一般控制在 1mm 以内。

四、细长丝杠的质量分析

由于细长丝杠刚性差，车削中会出现下列问题：

1. 由振动引起“打嘟噜”。工件车削过程中嘟噜严重的会出现麻花状外圆和共振现象。

2. 工件的热伸长。在细长工件的切削中尽管切屑和冷却液带走 80%的切削热，但由于长杆件散热条件差，在剩余热量的作用下工件会产生线膨胀，会使工件产生热变形—弯曲。

工件热变形伸长量： $\Delta l = a_1 \Delta e$

本工件热变形伸长量约 0.2mm。

3. 产生弯曲原因与解决的方法：

（1）90°偏刀刀尖圆头过大，主切削刃的负倒棱过大，前角过小；

（2）转速过高，离心力增大，弯曲增加，振动几率增加；

（3）为减少工件振动，在切削时应配重砣来改变振动频率，起到减振的作用；

（4）当工件车削过程中出现振动，可采用双手握住工件已加工表面或用铁棒压住待加工表面，通过人体吸收震源起到减振作用。

五、刀具的选择与切削力分析

1. 在细长杆件的车削中，径向切削力是造成工件平直度误差的主要原因，会出现两头小中间大的腰鼓状态。

2. 径向切削分力也是工件弯曲的主要因素。

根据刀具车削中径向分力状态图，长杆件零件的车削选择 90°偏刀比较理想。

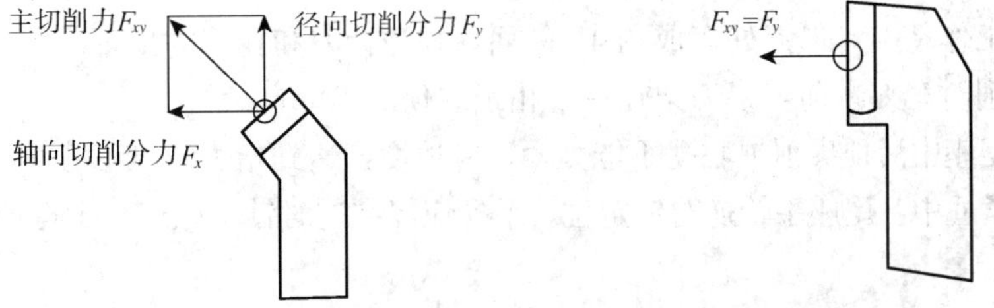

图 11-33　45°偏刀与 90°车刀径向切削力变化状态

六、相关知识

公称直径：$d=22\text{mm}$；

中　径：$d_2=d-0.5p=19.5\text{mm}$；

小　径：$d_3=d-2h_3=16\text{mm}$；

牙 顶 宽：$f=f'=0.366p=1.65\text{mm}$；

牙底槽宽：$W=W'=0.366p-0.536a_c=1.56\text{mm}$。

三针测量

$$M=d_2+4.864d_D-1.866p \qquad A=\frac{M+d_o}{2}$$

式中，M 为三针测量时量针测量距的计算值；

d_o 为螺纹顶径的实际尺寸；

A 为单针测量值。

七、跟刀架与研顶

车工俗语“顶”——即跟刀架中的支撑爪。

车工俗语“研顶”——通过研磨的方法使支撑爪的圆弧与工件工艺外圆吻合。

使用跟刀架的目的：

（1）通过顶的支撑作用增强工件的刚性；

（2）抵消切削中的背向力；

（3）防止工件弯曲。

八、跟刀架的使用方法与调整

1. 跟刀架是固定在床鞍上并与床鞍同步轴向运动的机床辅助配件，它的主要目的是承受工件的切削力，防止工件弯曲。

2. 选用两爪跟刀架车削。

（1）工件较小，质量较轻，长度相对较短的工件；

（2）车削中切削力 F 的分解力分别向上和向前（横向），并分别贴紧在上支撑爪和后支撑爪上；

（3）调整跟刀架时一般先调后顶再调上顶，松紧程度主要是手感，一般调整到能在顶内自由转动为准。

3. 工件的装夹。

（1）采用一夹一顶的方法，粗车一段约长 30mm，外圆 ø22.5mm 的外圆，作为跟刀架支撑爪的工作基准，退刀处车成约 45°斜面，预防让刀和扎刀的出现。

（2）车削时车刀在前，跟刀架在后，相距约顶前 10mm。

（3）后尾座中活顶尖顶中心孔不能太紧，应适度，达到指力所到活顶尖旋转即停即可。尾座套筒锁紧适中，尾座手轮逆时针定位，手柄应停在逆时针 10 点至 11 点钟的位置。方向从右向左看。

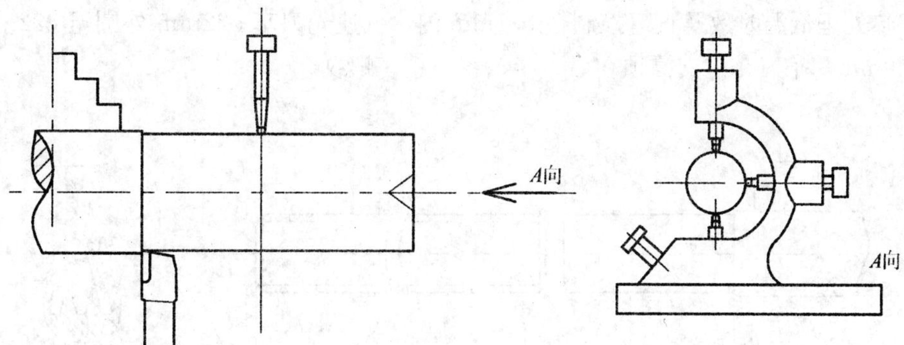

图 11-34　中心架安装示意

九、车削工艺

1. 夹毛坯车端面，打中心孔，车一段 20mm 的夹头；

2. 划线、车总长，打中心孔；

3. 一夹一顶车一段 ø22.5×30mm 的工艺外圆，做顶的定位基准。退刀处要车成 45°左右的斜面，接刀时可避免让刀和扎刀现象的发生。采用车刀在前支撑爪在后，车外圆 ø22.5mm。

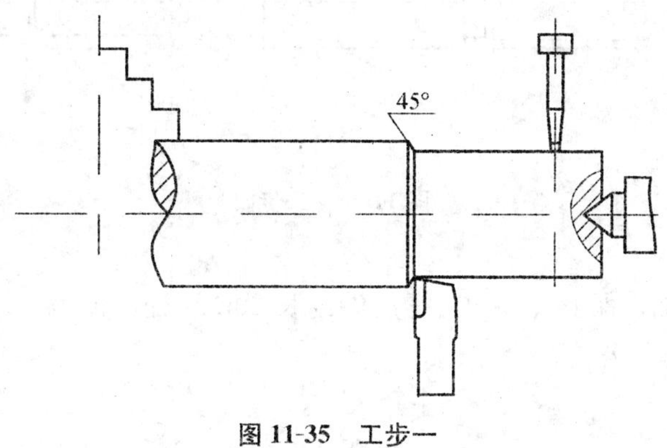

图 11-35　工步一

4. 调头接刀车去黑皮，切退刀槽，粗车螺纹。

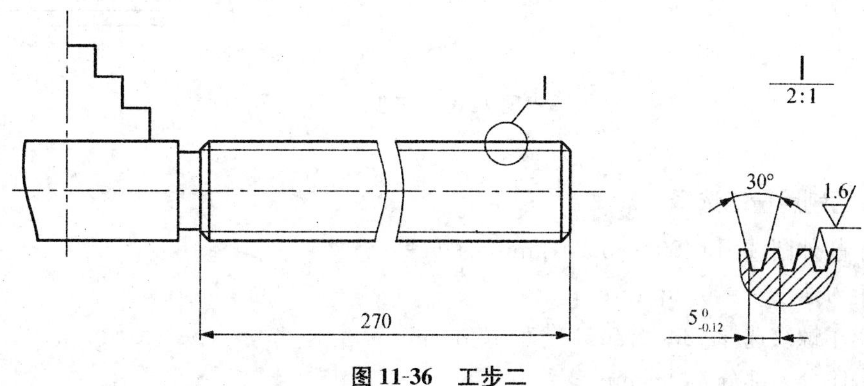

图 11-36　工步二

5. 热处理低温时效及直弯控制在 0.1mm 内，低速光刀车 ø22mm 外圆至 $ø22_{-0.1}^{\ 0}$ mm，长度 340mm，车刀在前支撑顶在后，半精车、精车螺纹。

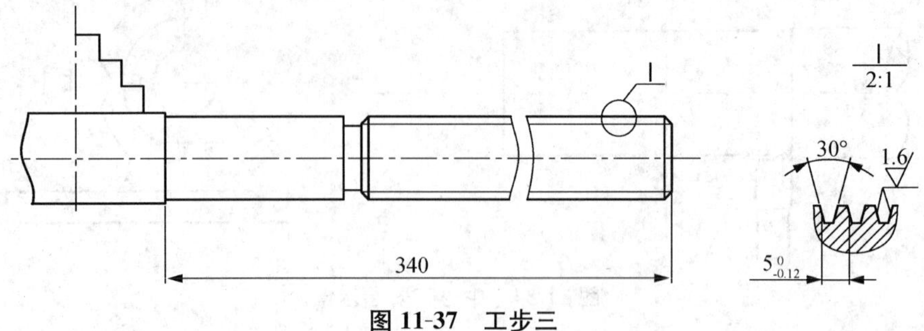

图 11-37　工步三

6. 调头夹 ø22mm 螺纹外圆（夹铜套）部分，粗车 ø18mm、ø16mm 留余量 0.5mm，ø12mm，车好 M16×1.5 螺纹。

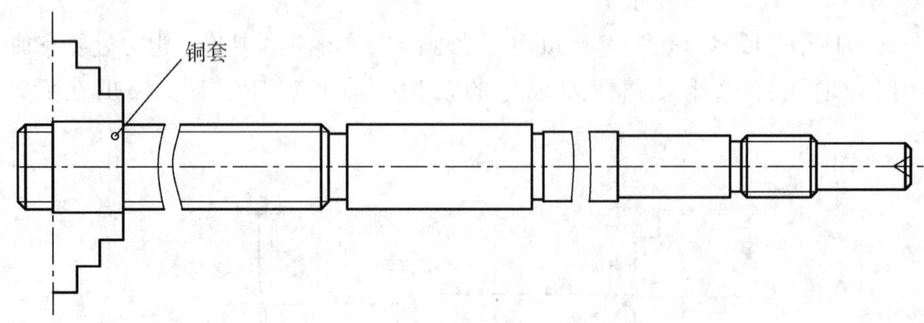

图 11-38　工步四

7. 精车各台阶轴，保证公差，夹螺纹端约长 20mm 处，顶另一端中心孔，中间用中心架支撑校表，精车各公差。

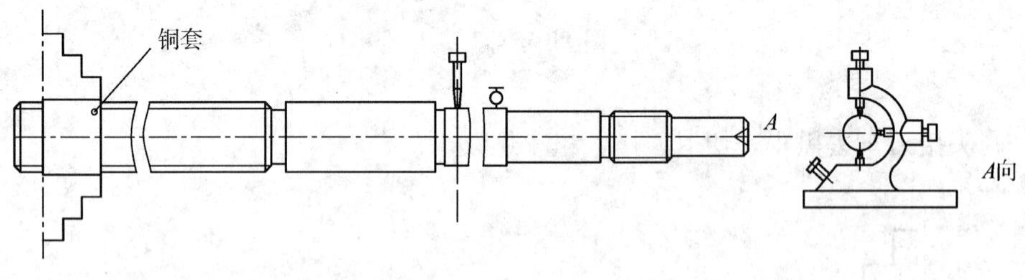

图 11-39　工步五

十、切削用量的选择

1. 车削外圆选用（400 ～ 500)r/min 的转速；
2. 走刀速度 f =0.25mm/r ；
3. 粗车螺纹选择 130r/min ，精车 400r/min ；
4. 台阶公差部分 400r/min 。

附录一　切削用量的基本内容及选择

一、切削用量的基本选择

切削用量三要素：切削深度、进给量、切削速度。

1. 切削深度 a_p 是已加工表面与待加工表面之间的垂直距离。

公式：　$$a_p=\frac{d_w-d_m}{2}$$

式中，　a_p 为切削深度；

d_w 为待加工表面直径；

d_m 为已加工表面直径。

2. 进给量又称走刀速度，指工件每转一圈，车刀沿进给方向移动的距离。它是衡量进给运动大小的参数，单位是 mm/r。

3. 切削速度 V_c 是切削刃选定点相对于工件的主运动的瞬间速度。它是衡量主运动大小的参数，单位是 r/min 。

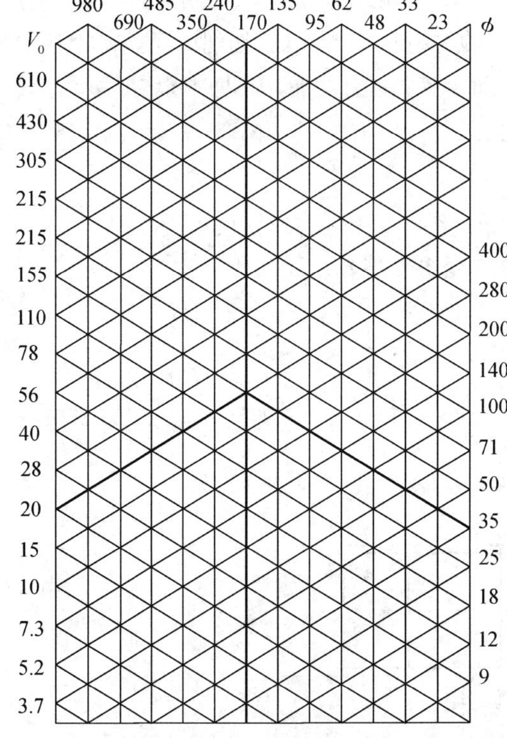

说明：此表为机床CA6140车床前身C620车床切削用量参照图表，其用量数值定于C6136D车床，主要原因是机床质量存在差异，刚性差距明显，如在此表选用转速的基础上将转速下调用量的 20%左右转速,即可适用于C6132D/C6136D车床。

图 1-1　切削用量图解

公式：　$V_c = \frac{nd\pi}{1000}$

式中，　V_c 为切削速度 r/min；

d 为工件待加工表面直径 mm；

n 为机床主轴转速 r/min。

二、实际生产中，切削用量应用的一般规则

(1) 根据图样已知工件毛坯直径 d；

(2) 根据图样尺寸大小已知切削深度 a_p；

(3) 根据材料种类，确定进给量 f；

(4) 当切削深度 a_p 和进给量确定后，在保证刀具使用寿命的前提下，选择一个相对大的切削深度，可通过查表或经验数据获得；

(5) 切削速度确定后，通过查表或计算得知机床转速。

$$n = \frac{1\,000V_c}{d\pi}$$

三、切削用量选择的一般原则

1. 粗车。基本特征是加工精度和表面质量要求不高，材料毛坯余量大小不均。为此，选择切削用量的出发点是充分利用机床和刀具的性能，使单位工序的时间最短，加工成本最低，效率最大。

2. 精车。利用切削用量最大限度地保证刀具耐用度，增加刀具使用寿命，提高生产效率。

在切削用量的三要素中，切削速度对刀具的耐用度影响最大，切削深度影响最小。如果首选大的切削速度，刀具的耐用度会急剧下降，从而使换刀次数增加，辅助时间增加，生产效率降低。

3. 粗加工切削用量选择的另一个原则是：

(1) 首先优先选择大的切削深度 a_p；

(2) 其次选择较大的进给量 f；

(3) 最后确定合理的切削速度 V_c（通过查表获得）。

四、切削用量运用实例

例题一：

如图所示，工件材料 Q235，毛坯尺寸是 ø57mm，车削尺寸：ø57×250mm，选用 C6136D 车床，试确定粗车切削用量。

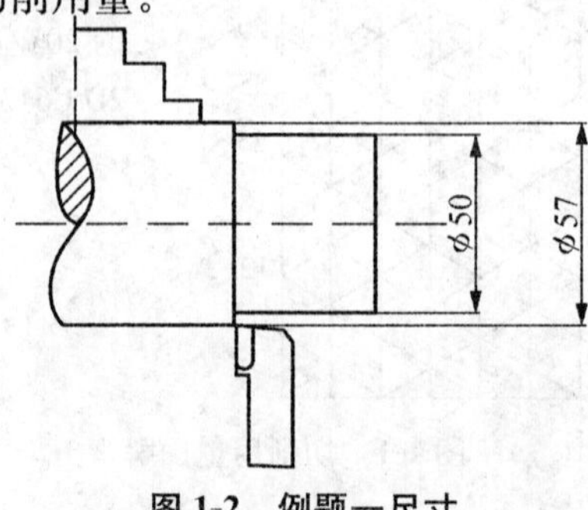

图 1-2　例题一尺寸

解：粗车背吃刀量

$a_p=(57-50)/2=3.5\text{mm}$

查表得：$f=0.45\text{mm/r}$

查附表一得 $V_c=(90\sim110)\text{r/min}$

取中间值 $V_c=96\text{r/min}$

计算机床主轴转速

$$n=\frac{1\,000V_c}{\pi d}=\frac{1\,000\times96}{3.14\times57}\text{r/min}=536\text{r/min}$$

查表：$n=(530\sim660)\text{r/min}$

取中间值 $n=550\text{r/min}$ 。

例题二：

如图所示，工件材料 Q235，毛坯尺寸是 ø45mm，车削尺寸：ø40×125mm，选用 C6136D 车床，试确定粗车切削用量。

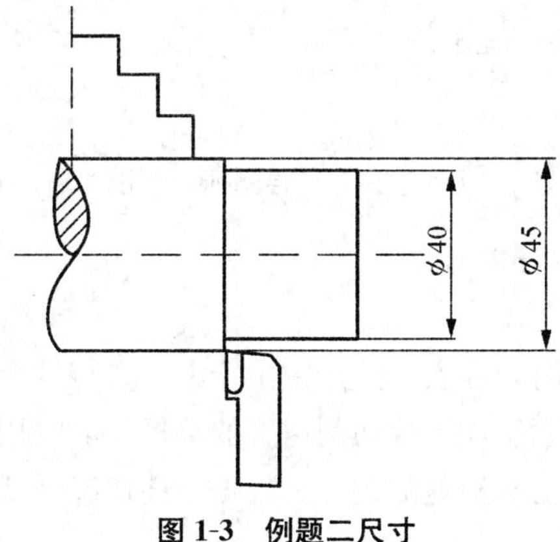

图 1-3　例题二尺寸

解：粗车背吃刀量

$$a_p=(45-40)/2=2.5\text{mm}$$

查表得：$f=0.45\text{mm/r}$

查表得 $V_c=(90\sim110)\text{r/min}$

计算机床主轴转速

$$n=\frac{1\,000V_c}{\pi d}=695\text{r/min}$$

查表：$n=(680\sim840)\text{r/min}$

取平均值 $n=695\text{r/min}$ 。

例题三：

如图所示，工件材料 Q235，毛坯尺寸是 ø40mm，车削尺寸：ø36×125mm，选用 C6136D 车床，试确定粗车切削用量。

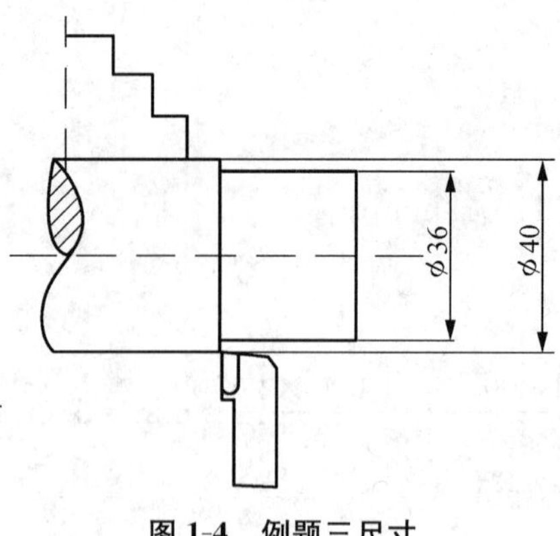

图 1-4　例题三尺寸

解：粗车背吃刀量

$$a_p = (40 - 36)/2 = 2\text{mm}$$

查表得：$f = 0.4\text{mm/r}$

查表得 $V_c = (90 \sim 110)\text{r/min}$

计算机床主轴转速

$$n = \frac{1\,000V_c}{\pi d} = 800\text{r/min}$$

查表：$n = (760 \sim 960)\text{r/min}$。

取平均值 $n = 800\text{r/min}$。

注：上述例题计算转速时，在实际生产中由于卡盘夹持部分过短、工件直径偏小、工件质量小、刚性差等诸多因素影响，故切削速度的选择一般采用刀具耐用度坐标峰值的右方，即查表数值或表中低数值。转速的确定宜根据上述情况降低 10%～20%为实际转速。

表 1-01　硬质合金外圆车刀切削速度参考值

工件材料	热处理状态	a_p =0.3～2mm	a_p =2～6mm	a_p =6～10mm
		f =0.08～0.3mm/r	f =0.3～0.6mm/r	f =0.6～1mm/r
低碳钢易切钢	热轧	140～180	100～200	70～90
中碳钢	热轧 调质 淬火	130～160 100～130 60～80	90～110 70～90 40～60	60～80 50～70 —
合金结构钢	热轧 调质	100～130 80～110	70～90 50～70	50～70 40～60
工具钢	退火	90～120	60～80	50～70
不锈钢	—	10～80	60～70	50～60
灰铸铁	<HB190 HB190～225	80～110 90～120	60～80 50～70	50～70 40～60
高锰 13%Mn	—	—	10～20	—

续表

工件材料	热处理状态	a_p =0.3～2mm	a_p =2～6mm	a_p =6～10mm
		f =0.08～0.3mm/r	f =0.3～0.6mm/r	f =0.6～1mm/r
铜及钢合金	—	200～250	120～180	90～120
铝及铝合金	—	300～600	200～400	150～300
铸铝合金 7%～13%Si	—	100～180	80～150	60～100

注：切削钢与铸铁时 T=60～90min

表 1-02　车削中碳钢主轴转速参考值

车刀材料：YT15　**主偏角** 75° **粗车：**t =3～4mm;　s =0.3～0.4mm/r			**车刀材料：**YT15　**主偏角** 90° **精车：**t =0.1～0.2mm;　s =0.08mm/r		
零件直径 D (mm)	计算转速 (n_1 /min)	实际转速 (n_2 /min)	零件直径 D (mm)	计算转速 (n_1 /min)	实际转速 (n_2 /min)
≤15	2 030～2 530	1 200	≤15	4 000～5 100	1 200
20	1 520～1 900	1 200	20	3 000～3 800	1 200
零件直径 D (mm)	计算转速 (n_1 /min)	实际转速 (n_2 /min)	零件直径 D (mm)	计算转速 (n_1 /min)	实际转速 (n_2 /min)
25	1 220～1 520	1 200	25	2 400～3 040	1 200
30	1 020～1 270	960～1 200	30	2 000～2 504	1 200
35	870～1 870	960	35	1 730～2 170	1 200
40	760～950	760～950	40	1 500～1 900	1 200
45	680～840	710～760	45	1 360～1 700	1 200
50	610～760	610～760	50	1 200～1 540	1 200

注：1. 当车刀、零件材料和切削条件一定时，不同的直径要选择不同的转速。

2. 表格摘自黎明机械制造厂编著的《车削工艺》；贺曙新、张四弟编著的《金属切削工》，谨此表示感谢。

表 1-03　常用公制标准三角螺纹及螺距

常用公制标准三角螺纹及螺距（单位：mm）										
三角螺纹	M1.6	M2	M2.5	M3	M4	M5	M6	M8	M10	M12
螺距	0.35	0.4	0.45	0.5	0.7	0.8	1.0	1.25	1.5	1.75
常用公制标准三角螺纹及螺距（单位：mm）										
三角螺纹	M14	M16	M18	M20	M22	M24	M27	M30	M33	M36
螺距	2.0	2.0	2.5	2.5	2.5	3.0	3.0	3.5	3.5	4.0

附录二　一般常用未注公差

一、一般公差、未注公差的线性和角度尺寸的公差（GB/T 1804—2000）

GB/T 1804—2000 规定了未注出公差的线性和角度尺寸的一般公差的公差等级和极限偏差值。适用于金属切削加工尺寸，也适用于一般的冲压加工的尺寸。

非金属材料和其他工艺方法加工的尺寸可参照线性尺寸的极限偏差数值。

1. 线性尺寸的极限偏差数值（见表 2-01）；

2. 倒圆半径与倒角高度尺寸的极限偏差数值（见表 2-02）；

3. 角度尺寸的极限偏差数值（见表 2-03）。

表 2-01　线性尺寸的极限偏差数值（单位：mm）

公差等级	尺寸分段							
	0.5～3	>3～6	>6～30	>30～120	>120～400	>400～1 000	>1 000～2 000	>2 000～4 000
精密 *f*	±0.05	±0.05	±0.15	±0.15	±0.2	±0.3	±0.5	—
中等 *m*	±0.1	±0.1	±0.2	±0.3	±0.5	±0.8	±1.2	±2
粗糙 *c*	±0.2	±0.3	±0.5	±0.8	±1.2	±2	±3	±4
最粗 *v*	—	±0.5	±1	±1.5	±2.5	±4	±6	±8

表 2-02　倒圆半径与倒角高度尺寸的极限偏差数值（单位：mm）

公差等级	尺寸分段			
	0.5～3	>3～6	>6～30	>30
精密 *f*	±0.2	±0.5	±1	±2
中等 *m*				
粗糙 *c*	±0.4	±1	±2	±4
最粗 *v*				

表 2-03　角度尺寸的极限偏差数值

公差等级	尺寸分段（单位：mm）				
	≤10	>10～50	>50～120	>120～400	>400
精密 *f*	±1°	±30′	±20′	±10′	±5′
中等 *m*					
粗糙 *c*	±1°30′	±1°	±30′	±15′	±10′
最粗 *v*	±3°	±2°	±1°	±30′	±20′

4. 一般公差的图样表示法。

若采用 GB/T 1804 规定的一般公差，应在图样标题栏附近或技术要求、技术文件（如企业标准）中注出标准号及公差等级代号。例如选用中等级时，标注为 GB/T 1804－m。

二、形状和位置公差未注公差值（GB/T 1184－1996）

1. 形状公差的未注公差值。

（1）直线度和平面度的未注公差值见表 2-04。选择公差值时，对于直线度应按其相应线的长度选择，对于平面度应按其表面的较长一侧或圆表面的直径选择。

（2）圆度的未注公差值等于标准的直径公差值，但不能大于表 2-07 中圆跳动的未注公差值。

表 2-04　直线度和平面度的未注公差值（单位：mm）

公差等级	基本长度范围					
	≤10	>10～30	>30～100	>100～300	>300～1 000	>1 000～3 000
H	0.02	0.05	0.1	0.2	0.3	0.4
K	0.05	0.1	0.2	0.4	0.6	0.8
L	0.14	0.2	0.4	0.8	1.2	1.6

（3）圆柱度的未注公差值不作规定。圆柱度误差包括圆度误差、直线度误差和相对素线的平行度误差，而其中每一项误差均由其注出公差或未注公差控制。如因功能要求，圆柱度应小于圆度、直线度和平行度的未注公差的综合结果，应在被测要素上按 GB/T 1182－1996 的规定注出圆柱度公差值，或采用包容要求。

2. 位置公差的未注公差值。

（1）平行度的未注公差值等于给出的尺寸公差值，或直线度和平面度未注公差值中的相应公差值取较大者。应取两要素中的较长者作为基准；若两要素的长度相等，则可选项任一要素作为基准。

（2）垂直度的未注公差值见表 2-05。取形成直角的两边中较长的一边作为基准，较短的一边作为被测要素；若边的长度相等则可取其中任意一边作为基准。

表 2-05　垂直度的未注公差值（单位：mm）

公差等级	基本长度范围			
	≤100	>100～300	>300～1 000	>1 000～3 000
H	0.2	0.3	0.4	0.5
K	0.4	0.6	0.8	1
L	0.6	1	1.5	2

（3）对称度的未注公差值，见表 2-06。应取两要素中较长者作为基准，较短者作为被测要素；若两要素长度相等，则可选任一要素作为基准。

表 2-06　对称度的未注公差值（单位：mm）

公差等级	基本长度范围			
	≤100	>100～300	>300～1000	>1 000～3 000
H	0.5			
K	0.6		0.8	1
L	0.6	1	1.5	2

（4）同轴度的未注公差未作规定。在极限状况下，同轴度的未注公差值与圆跳动的未注公差相等。

（5）圆跳动（径向、端面、斜向）的未注公差值，见表 2-07。对于圆跳动未注公差值，应以设计和工艺给出的支撑面作为基准，否则应取两要素中较长的一个作为基准；若两要素的长度相等，则可选任一要素作为基准。

表 2-07　圆跳动的未注公差值（单位：mm）

公差等级	圆跳动公差值
H	0.1
K	0.2
L	0.5

附录三　梯形螺纹直径与螺距系列

梯形螺纹直径与螺距系列（见表 3-01）。

表 3-01　梯形螺纹直径与螺距（GB/T 5796. 2—2005）（单位：mm）

第一系列	第二系列	第三系列	螺距
8	—	—	1.5
—	9	—	2，1.5
10	—	—	2，1.5
—	11	—	3，2
12	—	—	3，2
—	14	—	3，2
16	—	—	4，2
—	18	—	4，2
20	—	—	4，2
—	22	—	8，5，3
24	—	—	8，5，3
—	26	—	8，5，3
28	—	—	8，5，3
—	30	—	10，6，3
32	—	—	10，6，3
—	34	—	10，6，3
36	—	—	10，6，3
—	38	—	10，7，3
40	—	—	10，7，3
—	42	—	10，7，3
44	—	—	12，7，3
—	46	—	12，8，3
48	—	—	12，8，3
—	50	—	12，8，3
52	—	—	12，8，3

续表

第一系列	第二系列	第三系列	螺距
—	55	—	14，9，3
60	—	—	14，9，3
—	65	—	16，10，4
70	—	—	16，10，4
—	75	—	16，10，4
80	—	—	16，10，4
—	85	—	18，12，4
90	—	—	18，12，4
—	95	—	18，12，4
100	—	—	20，12，4
—	—	105	20，12，4
—	110	—	20，12，4

附录四　车工工艺与技能训练——铰孔

铰孔是用多刃铰刀切除工件孔壁上微量金属层的精加工的方法。铰孔操作简单，效率高。目前，在批量生产中已经得到广泛的应用。由于铰刀尺寸精确、刚度高，所以特别适合加工直径较小、长度较长的通孔。铰刀的精度可达 IT7～IT9，表面粗糙度值可达Ra 0.4。

一、铰刀的种类

铰刀按使用方式可分为机用铰刀和手用铰刀两种。

铰刀按切削部分的材料可分为高速钢铰刀和硬质合金铰刀两种。

二、铰削余量的确定

铰孔之前，一般先车孔或扩孔，并留出铰孔余量，余量的大小直接影响铰孔质量。余量较小，往往不能把前道工序所留下的加工痕迹铰去。余量太大，切屑挤满铰刀的齿槽，切削液不能进入切削区，严重影响表面粗糙度；或使切削刃负荷过大而迅速磨损，甚至崩刃。

铰削余量：高速钢铰刀为（0.08～0.12）mm；

　　　　　硬质合金铰刀为（0.15～0.20）mm。

三、铰削时应注意的事项

1. 铰削前对孔的要求。

铰孔前，孔的表面粗糙度 Ra 的值要小于 3.2。此外，还要特别注意，铰孔不能修正孔的直线度误差，因此，铰孔前一般需要车孔，这样才能修正孔的直线度误差。如果车孔困难，一般先用中心钻定位，然后钻孔、扩孔，最后铰孔。

2. 调整主轴和尾座套筒轴线的同轴度。

铰孔前，必须调整尾座套筒的轴线，使之与主轴轴线重合，同轴度最好在 0.02mm 以内。但是，对于一般精度的车床，要求主轴与尾座套筒轴线非常精确地在同一轴线上是比较困难的，因此，铰孔时最好使用浮动套筒。

3. 选择合理的铰削用量。

铰削时的背吃刀量为铰削余量的一半。铰削时，切削速度越低，表面粗糙度值越小，切削速度最好小于 5m/min 。

铰削时，由于切屑少，而且铰刀上有修光部分，进给量可取大些。铰钢料时，选用进给量为（0.2～1）mm/r。

4. 合理选用切削液。

铰孔时，切削液对孔的扩张量与孔的表面粗糙度有一定的影响。根据切削液对孔径的影响，当使用新铰刀铰削钢料时，可选用 10%～15%的乳化液作切削液，这样孔不容易扩大。铰刀磨损到一定程度时，可用油溶性切削液，使孔稍微扩大一些。

根据切削液对表面粗糙度的影响和铰孔实验证明，铰孔时必须加注充分的切削液。切削铸件时，可采用煤油作切削液。铰削青铜或铝合金工件时，可用 L－FD－2 轴承油或煤油。

参考文献

1. 彭德荫．车工工艺与技能训练．北京：中国劳动社会保障出版社，2001
2. 彭德荫．车工工艺与技能训练习题册．北京：中国劳动社会保障出版社，2001
3. 唐监怀，刘翔．车工工艺与技能训练．北京：中国劳动社会保障出版社，2006
4. 钱可强．机械制图（4 版）．北京：中国劳动社会保障出版社，2007
5. 唐监怀，刘翔．车工工艺与技能训练习题册．北京：中国劳动社会保障出版社，2007
6. 陈護祥．车工技能训练图册．北京：中国劳动社会保障出版社，2002
7. 李献坤，兰青．金属材料与热处理．北京：中国劳动社会保障出版社，2007
8. 胡荆生．公差配合与技术测量基础（2 版）．北京：中国劳动社会保障出版社，2000
9. 陈海魁．机械基础（3 版）．北京：中国劳动社会保障出版社，2001
10. 翁承恕．车工生产实习（96 新版）．北京：中国劳动出版社，1997
11. 陈望．车工实用手册．北京：中国劳动社会保障出版社，2002
12. 王公安．车工工艺学（4 版）．北京：中国劳动社会保障出版社，2005

车工实操工件图样

（必修课题）

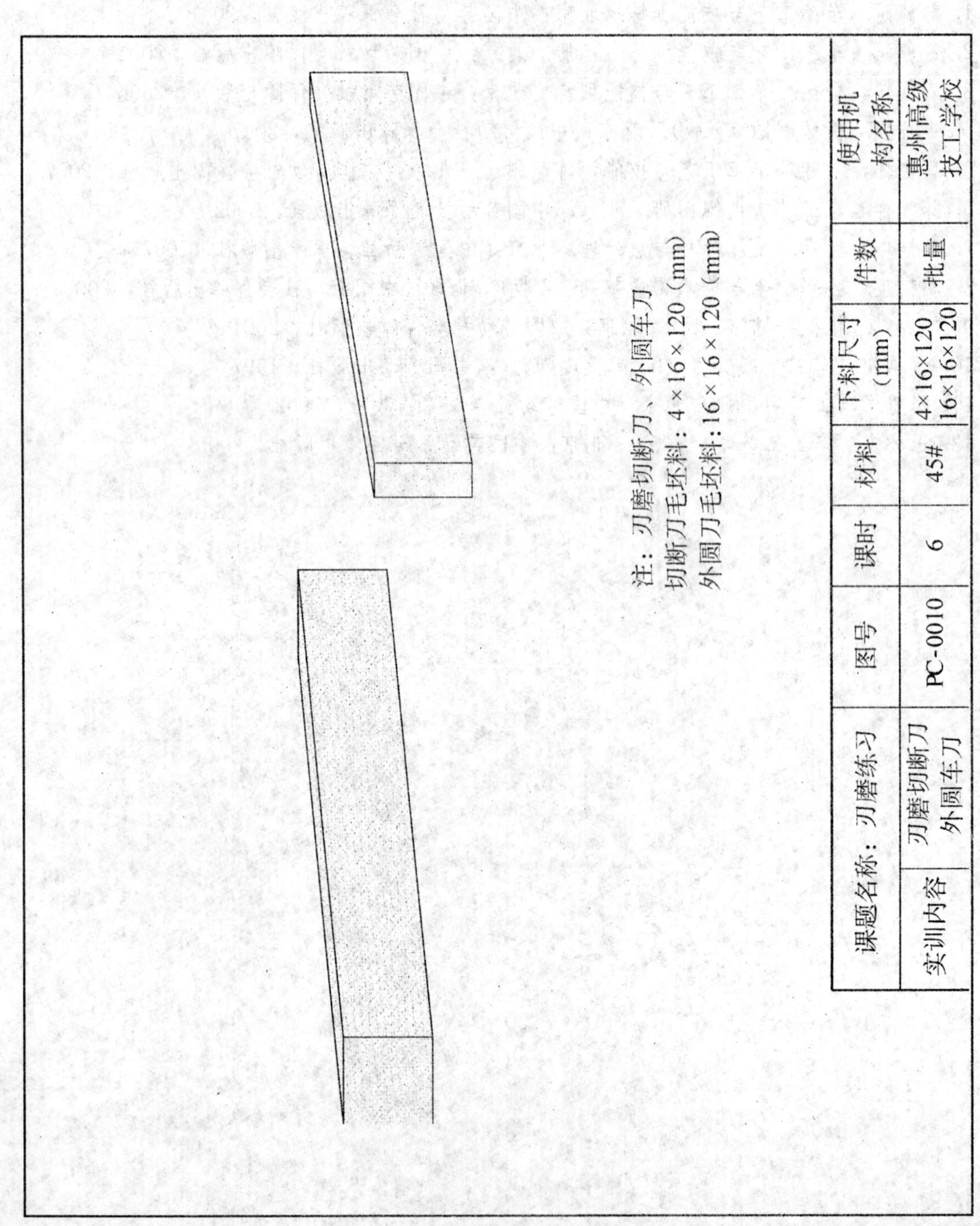

课题名称：刃磨练习		图号	课时	材料	下料尺寸（mm）	件数	使用机构名称
实训内容	刃磨切断刀 外圆车刀	PC-0010	6	45#	4×16×120 16×16×120	批量	惠州高级技工学校

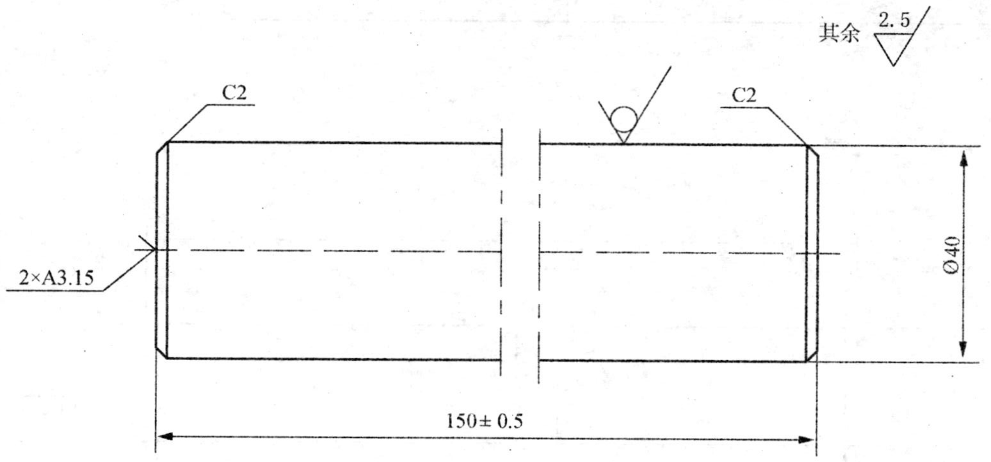

其余 2.5

C2

C2

2×A3.15

Ø40

150±0.5

课题名称：车圆柱面		图号	课时	材料	下料尺寸(mm)	件数	使用机构名称
实训内容	手动车端面	PC-0020	12	45#	Ø42×155	批量	惠州高级技工学校

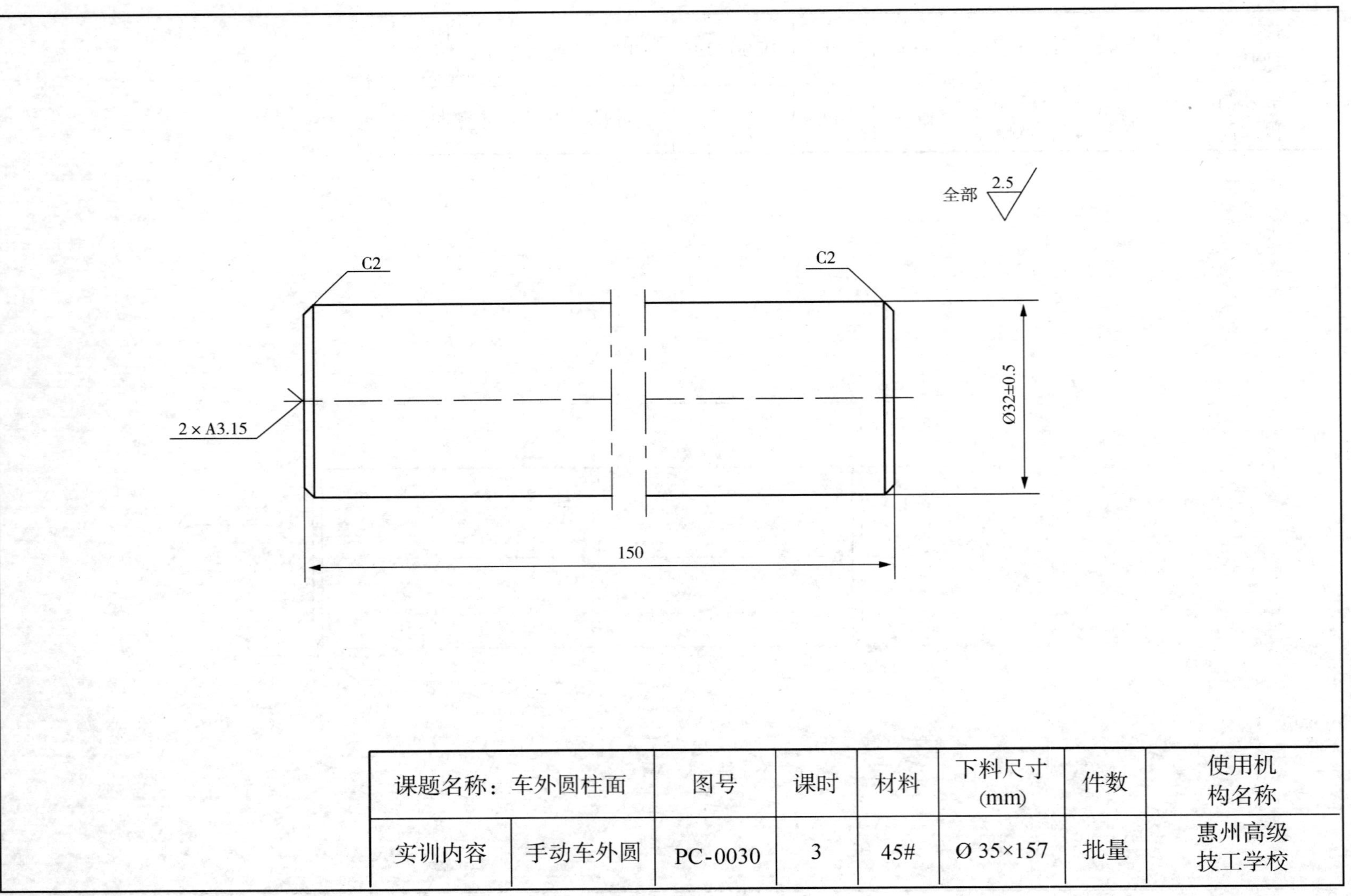

课题名称：	车外圆柱面	图号	课时	材料	下料尺寸(mm)	件数	使用机构名称
实训内容	手动车外圆	PC-0030	3	45#	Ø 35×157	批量	惠州高级技工学校

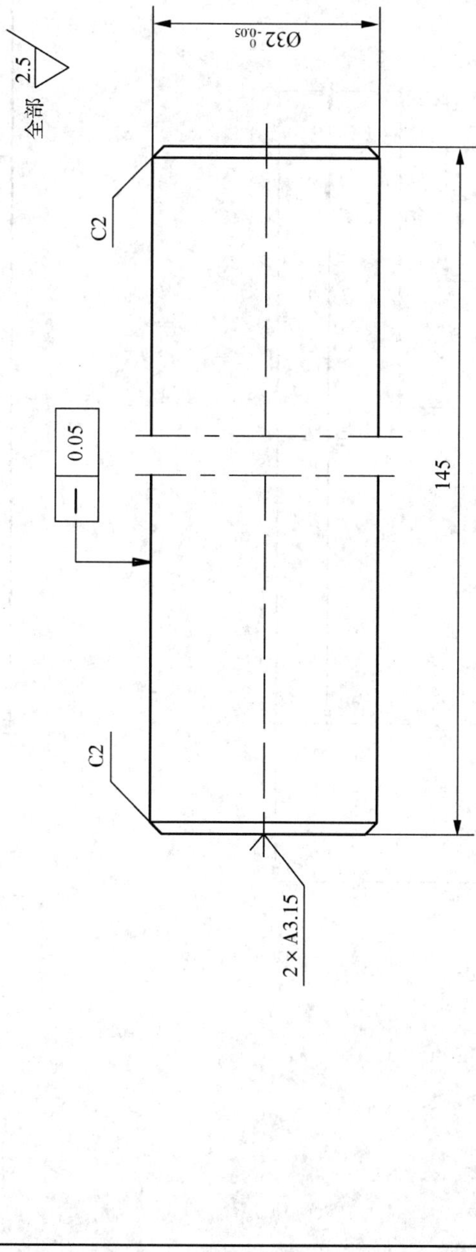

全部 2.5

— 0.05

C2

C2

2 × A3.15

Ø32 $^{0}_{-0.05}$

145

课题名称：车外圆		图号	课时	材料	下料尺寸（mm）	件数	使用机构名称
实训内容	机动车外圆	PC-0040	3	45#	Ø35×150	批量	惠州高级技工学校

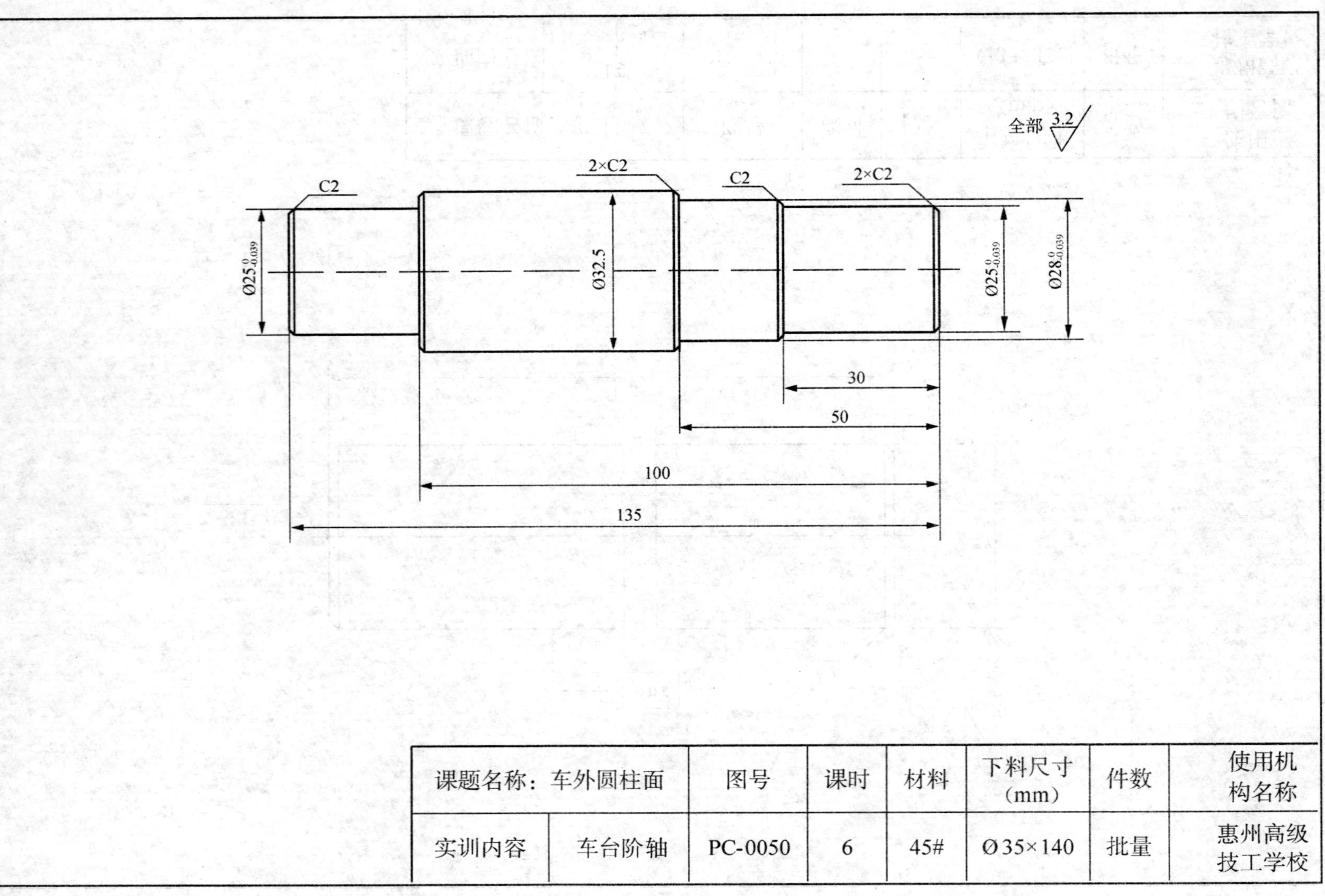

课题名称：车外圆柱面		图号	课时	材料	下料尺寸（mm）	件数	使用机构名称
实训内容	车台阶轴	PC-0050	6	45#	Ø35×140	批量	惠州高级技工学校

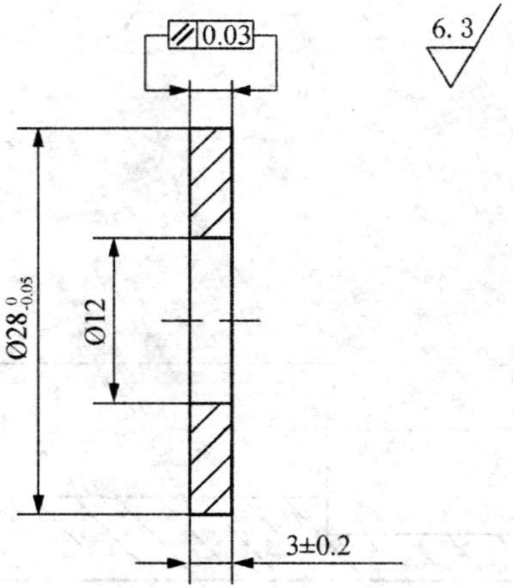

0.03
6.3
Ø28$^{0}_{-0.05}$
Ø12
3±0.2

课题名称：切断与切槽		图号	课时	材料	下料尺寸（mm）	件数	使用机构名称
实训内容	车垫片	PC-0060	6	Q235	Ø 30×50	批量	惠州高级技工学校

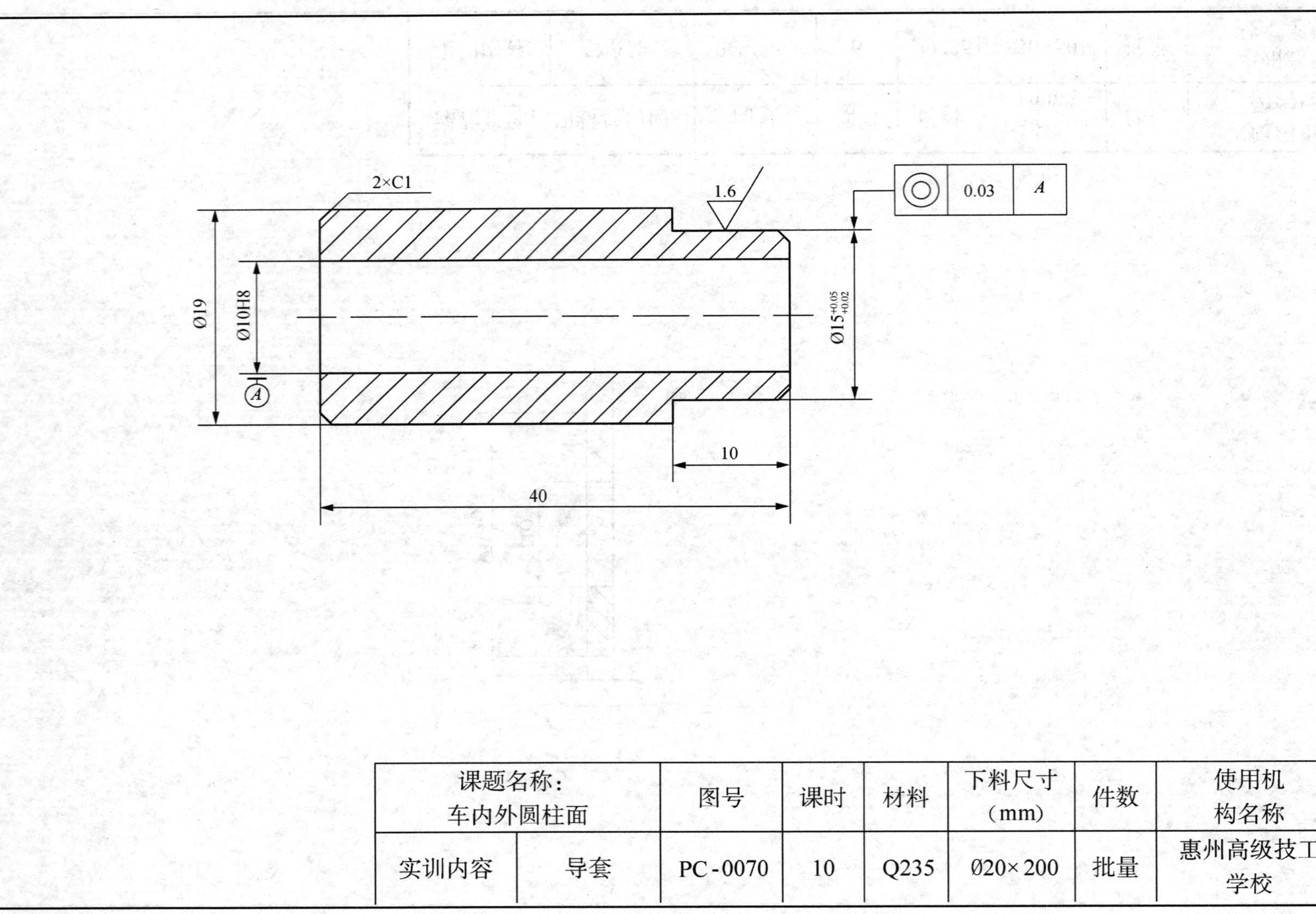

课题名称： 车内外圆柱面		图号	课时	材料	下料尺寸 （mm）	件数	使用机 构名称
实训内容	导套	PC-0070	10	Q235	Ø20×200	批量	惠州高级技工 学校

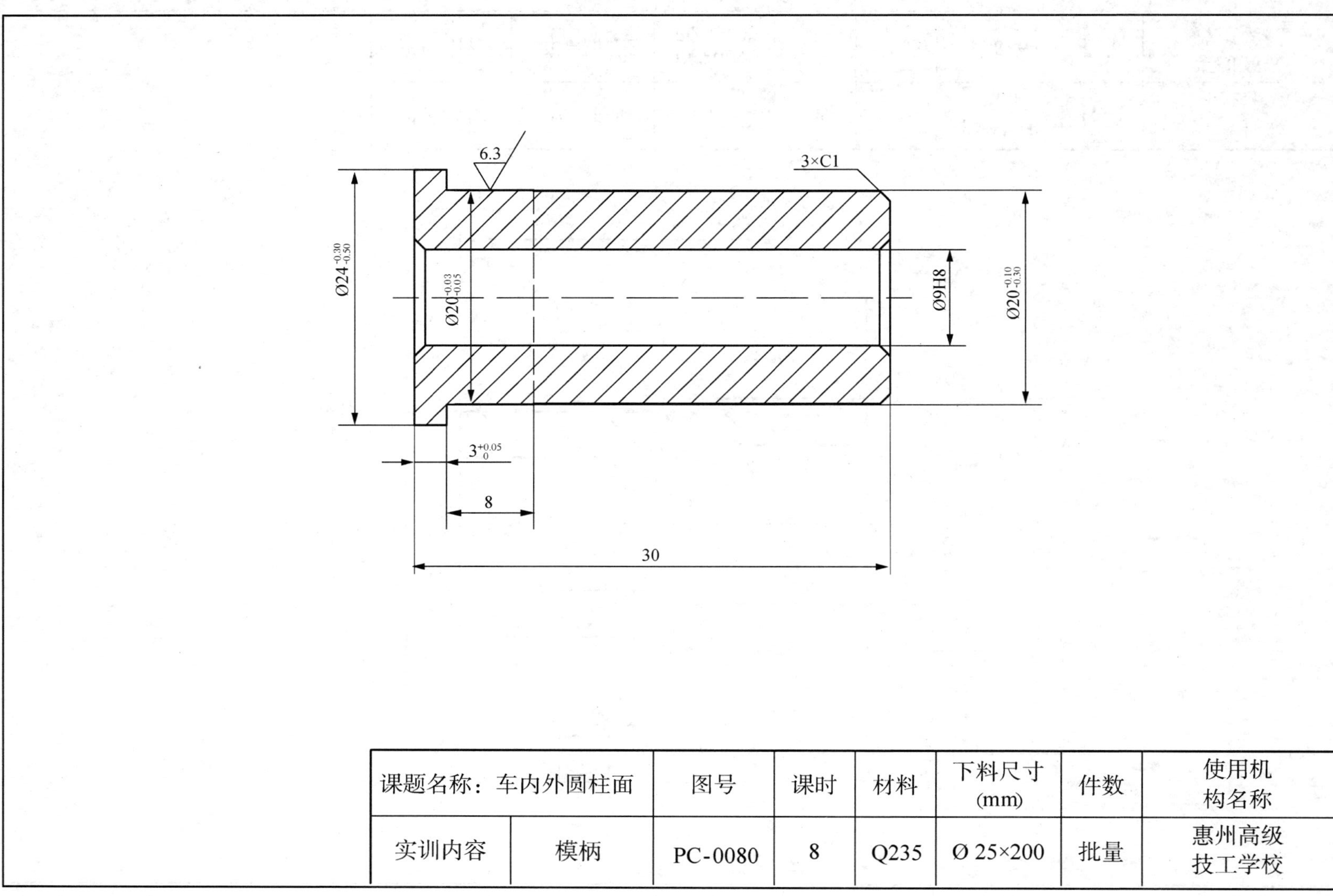
6.3
3×C1
Ø24-0.30 -0.50
Ø20-0.03 -0.05
Ø9H8
Ø20-0.10 -0.30
3+0.05 0
8
30
课题名称：车内外圆柱面
图号
课时
材料
下料尺寸 (mm)
件数
使用机构名称
实训内容
模柄
PC-0080
8
Q235
Ø 25×200
批量
惠州高级技工学校

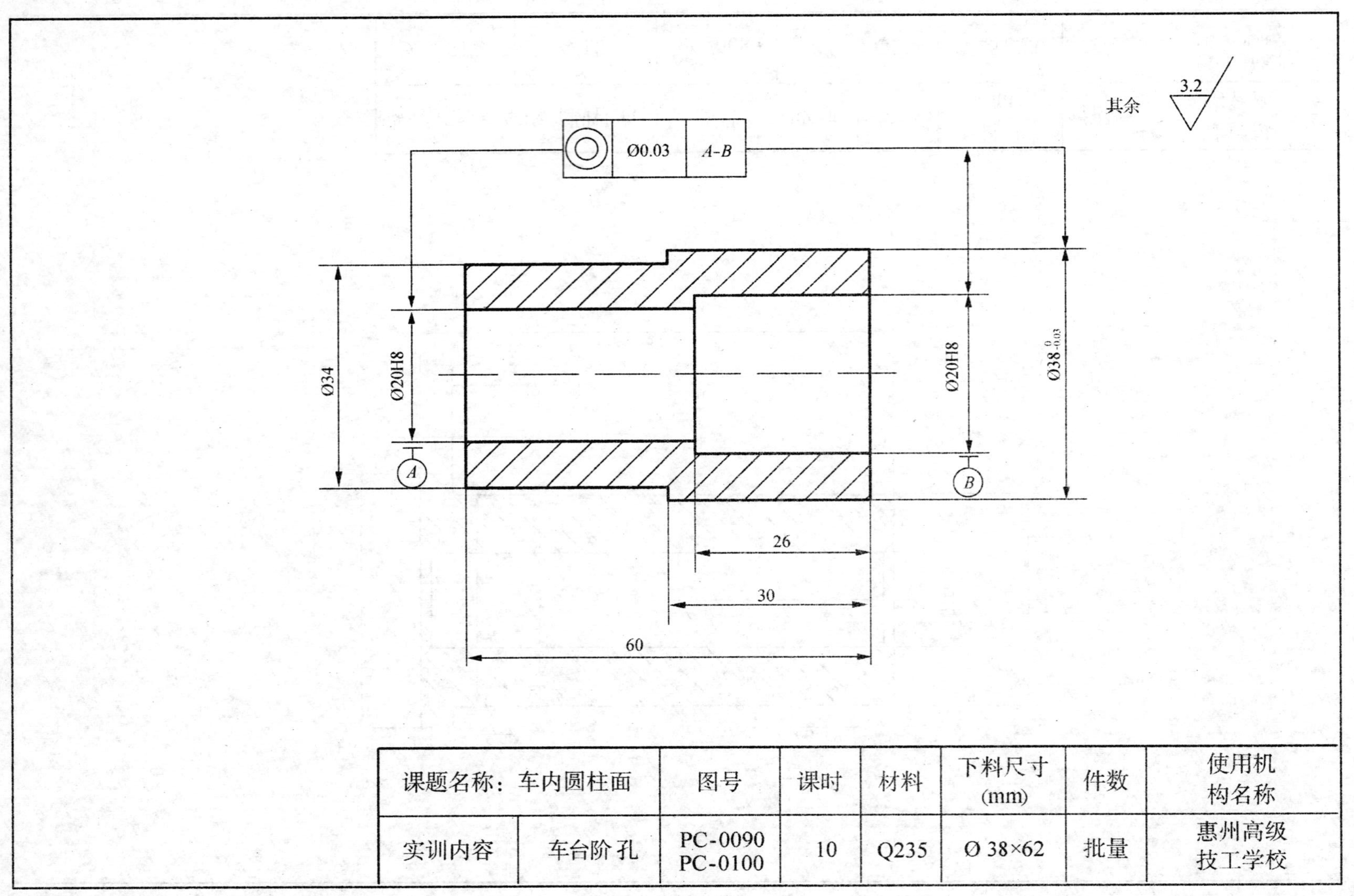

课题名称：车内圆柱面		图号	课时	材料	下料尺寸 (mm)	件数	使用机构名称
实训内容	车台阶孔	PC-0090 PC-0100	10	Q235	Ø 38×62	批量	惠州高级技工学校

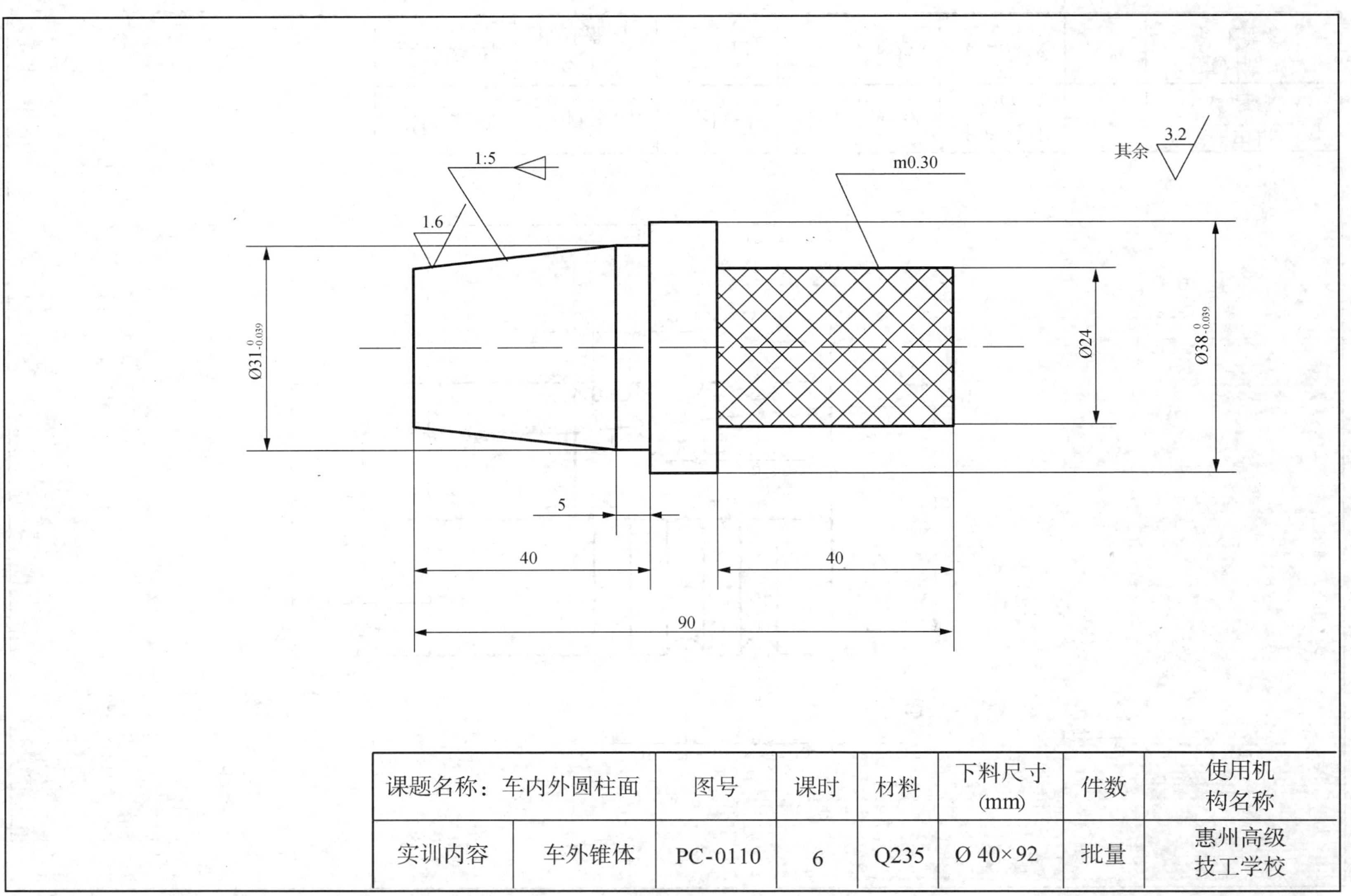
1:5
1.6
m0.30
其余 3.2
Ø31 0 -0.039
Ø24
Ø38 0 -0.039
5
40
40
90
课题名称：车内外圆柱面
图号
课时
材料
下料尺寸 (mm)
件数
使用机构名称
实训内容
车外锥体
PC-0110
6
Q235
Ø 40×92
批量
惠州高级技工学校

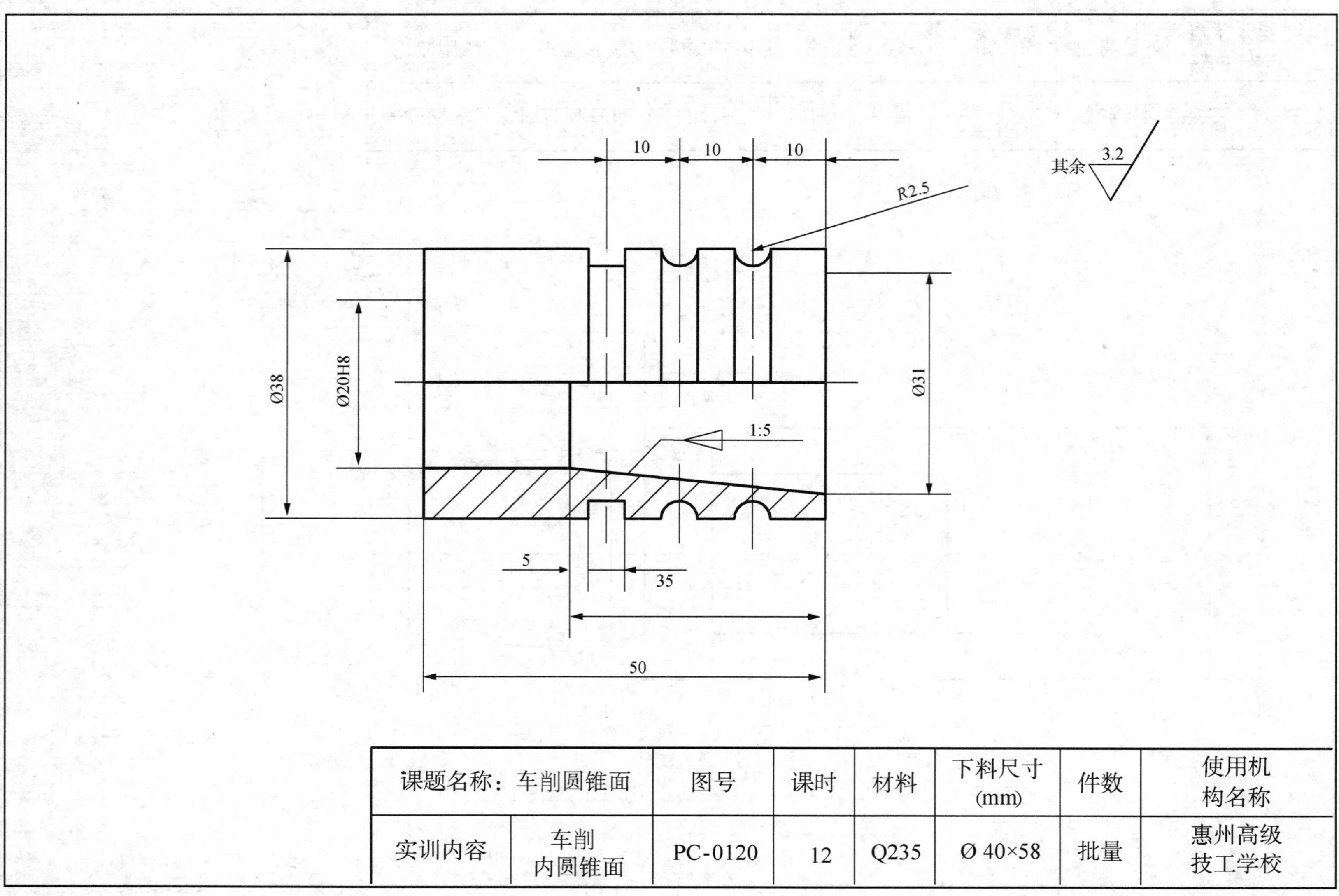

课题名称：车削圆锥面		图号	课时	材料	下料尺寸(mm)	件数	使用机构名称
实训内容	车削内圆锥面	PC-0120	12	Q235	Ø 40×58	批量	惠州高级技工学校

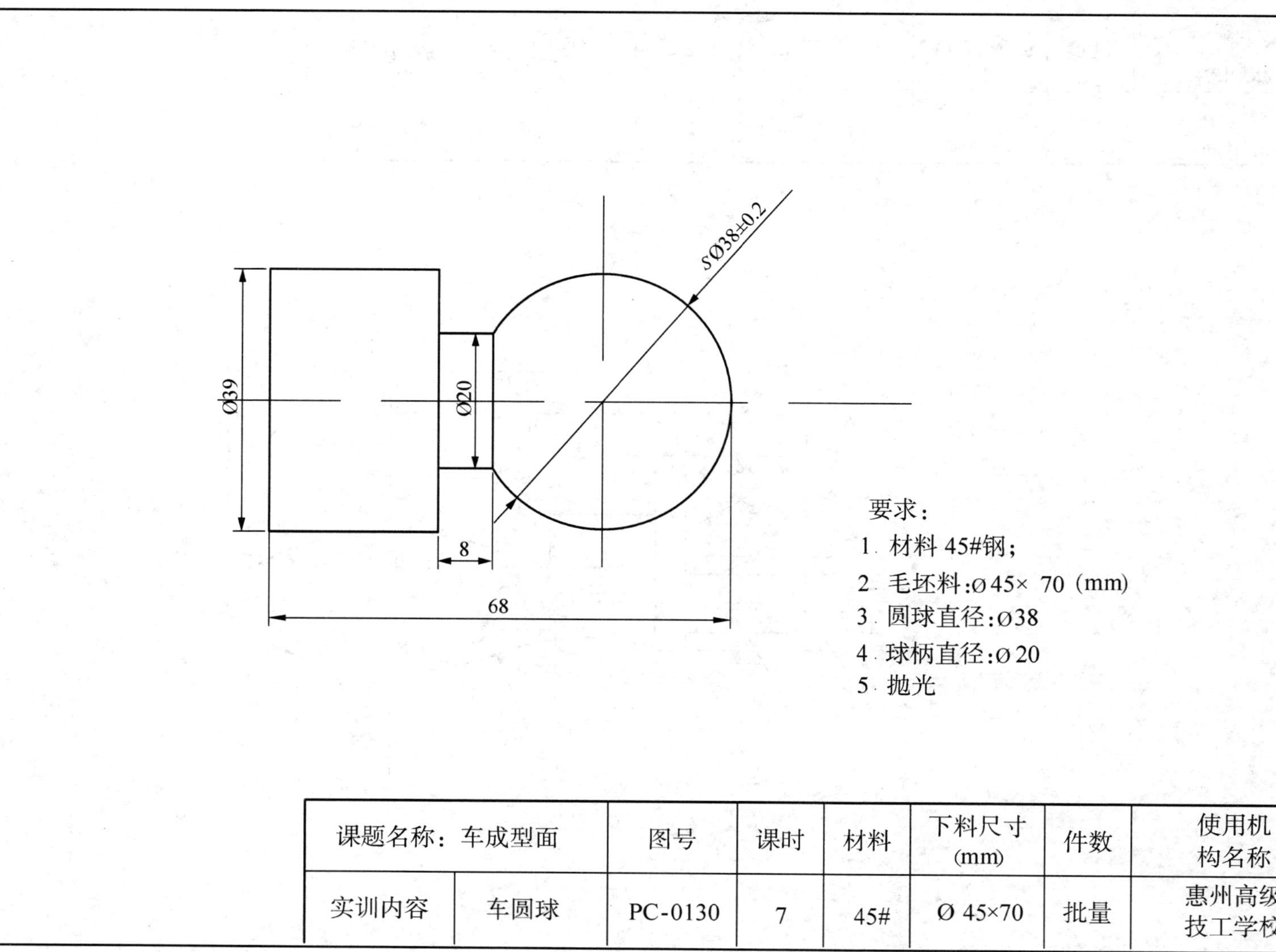

课题名称：车成型面		图号	课时	材料	下料尺寸（mm）	件数	使用机构名称
实训内容	车圆球	PC-0130	7	45#	Ø 45×70	批量	惠州高级技工学校

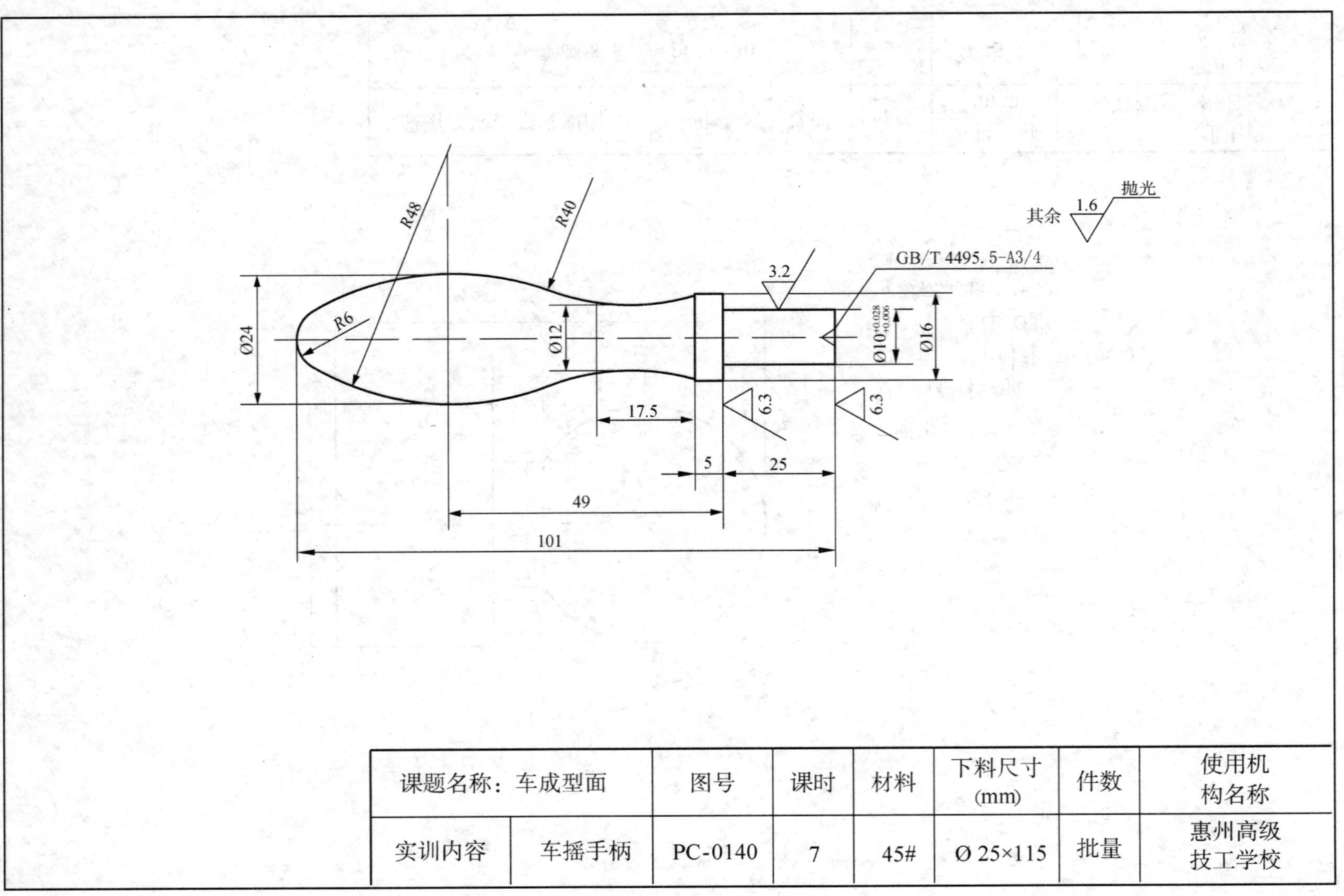

课题名称：车成型面		图号	课时	材料	下料尺寸(mm)	件数	使用机构名称
实训内容	车摇手柄	PC-0140	7	45#	Ø 25×115	批量	惠州高级技工学校

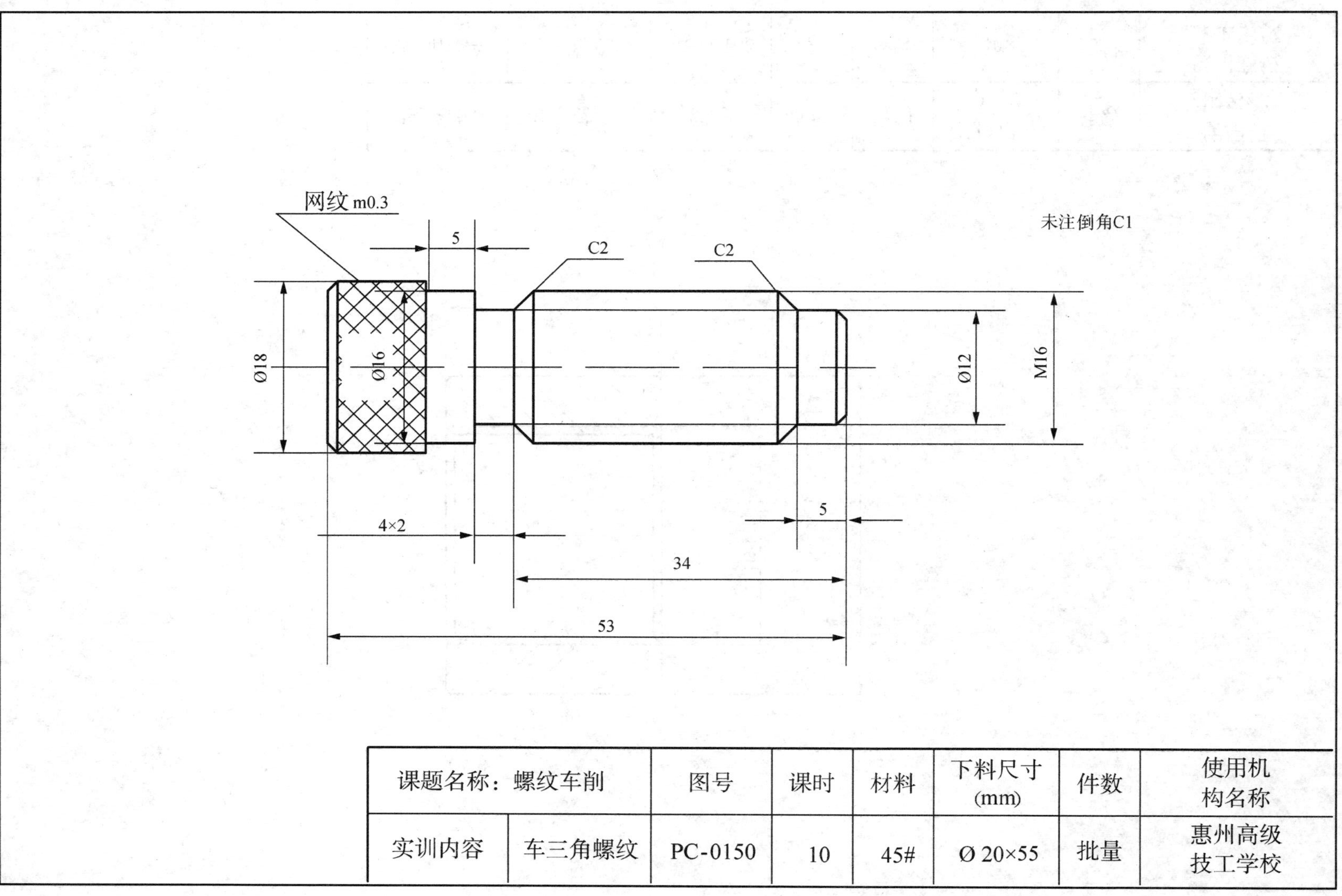

课题名称：螺纹车削		图号	课时	材料	下料尺寸(mm)	件数	使用机构名称
实训内容	车三角螺纹	PC-0150	10	45#	Ø 20×55	批量	惠州高级技工学校

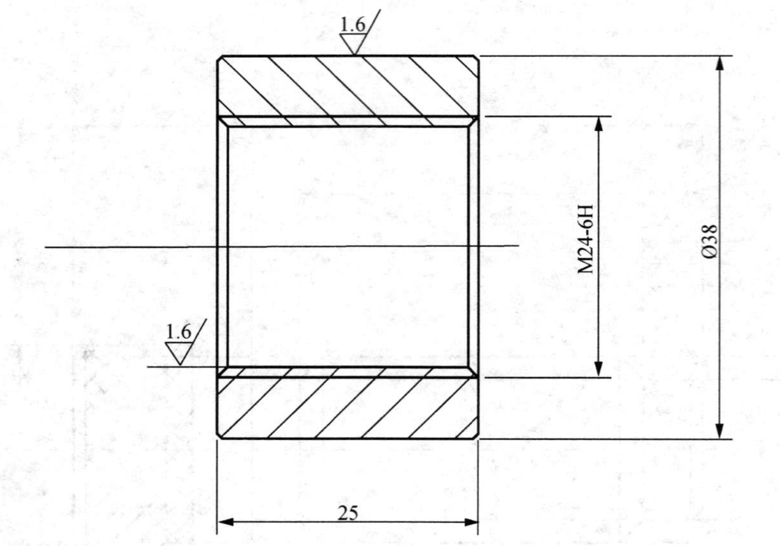

课题名称：三角螺纹车削		图号	课时	材料	下料尺寸 (mm)	件数	使用机构名称
实训内容	内三角螺纹	PC-0160	8	Q235	Ø 40×30	批量	惠州高级技工学校

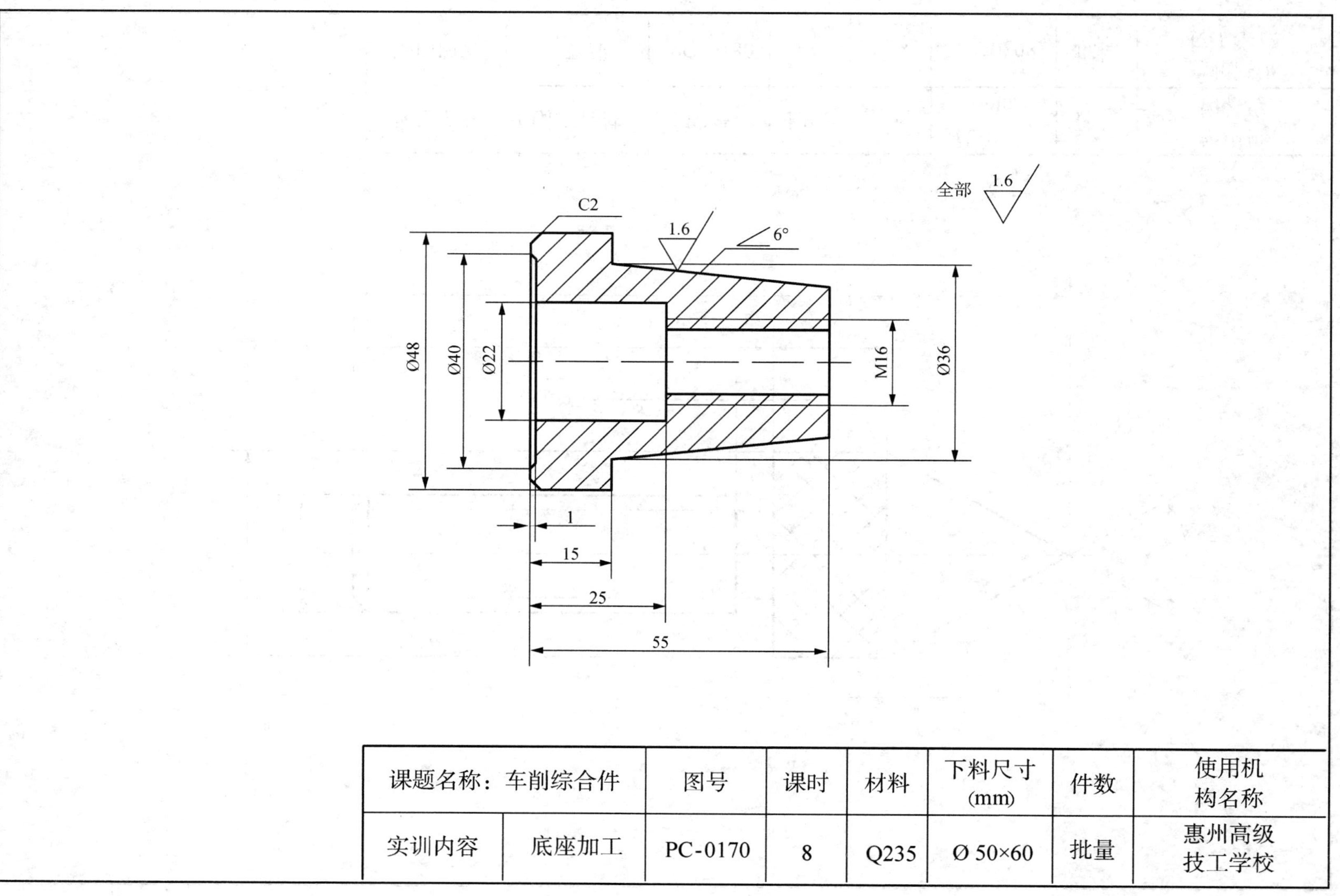
全部 1.6
C2
1.6
6°
Ø48
Ø40
Ø22
M16
Ø36
1
15
25
55
课题名称：车削综合件
图号
课时
材料
下料尺寸 (mm)
件数
使用机构名称
实训内容
底座加工
PC-0170
8
Q235
Ø 50×60
批量
惠州高级技工学校

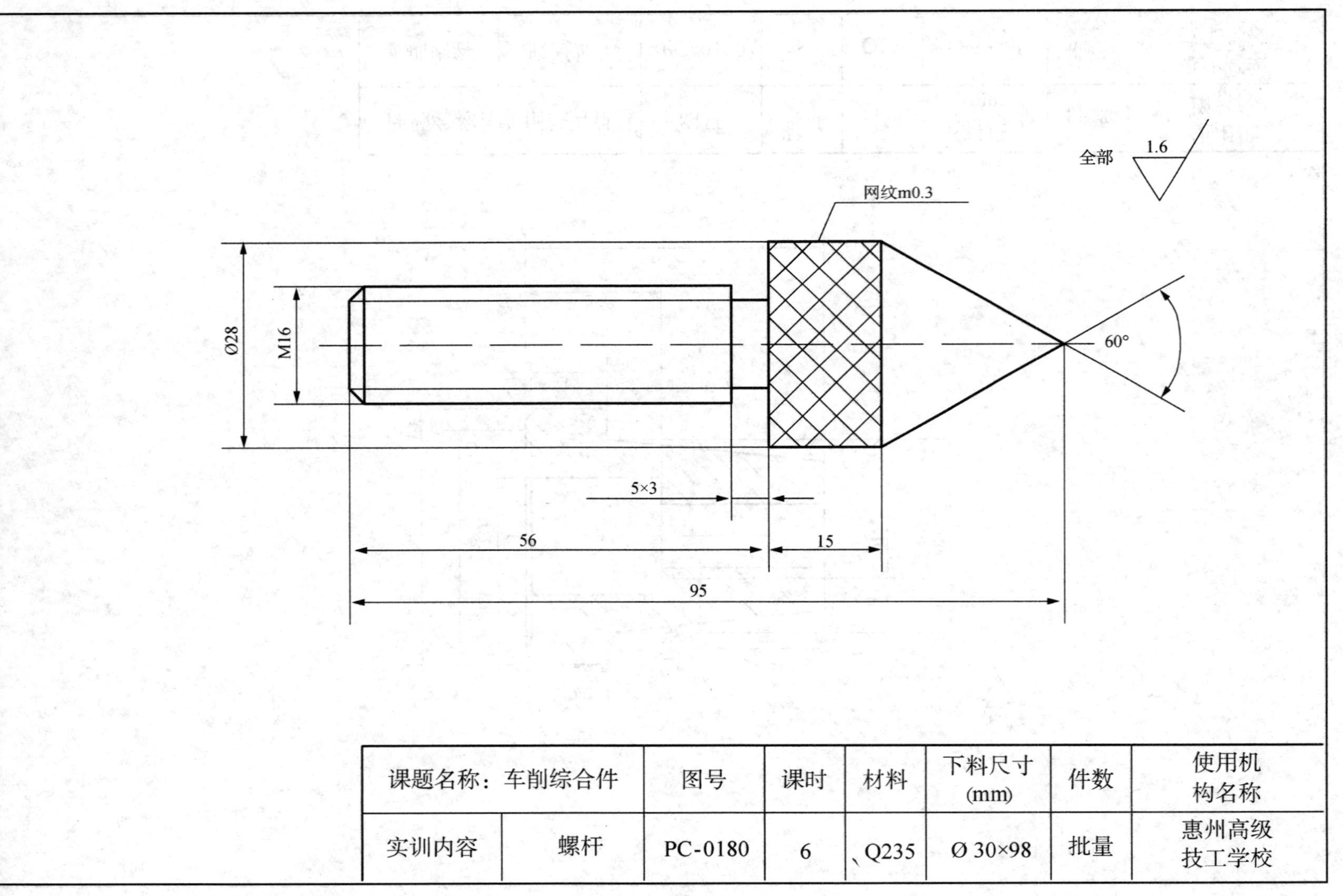

课题名称：车削综合件		图号	课时	材料	下料尺寸 (mm)	件数	使用机构名称
实训内容	螺杆	PC-0180	6	、Q235	Ø 30×98	批量	惠州高级技工学校

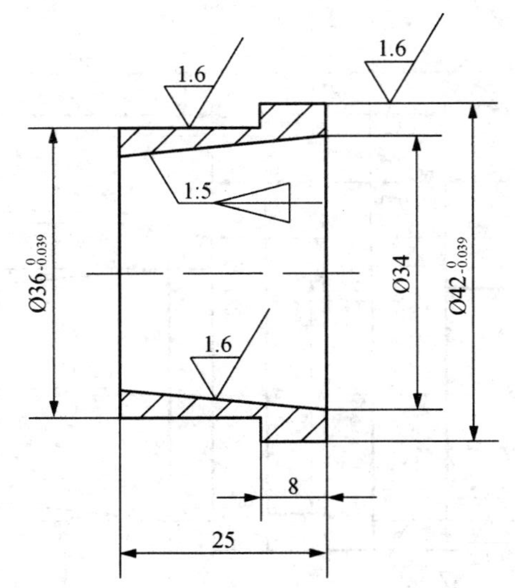

课题名称：车削综合件		图号	课时	材料	下料尺寸 (mm)	件数	使用机 构名称
实训内容	锥套加工	PC-0190	6	45#	Ø 45×28	批量	惠州高级 技工学校

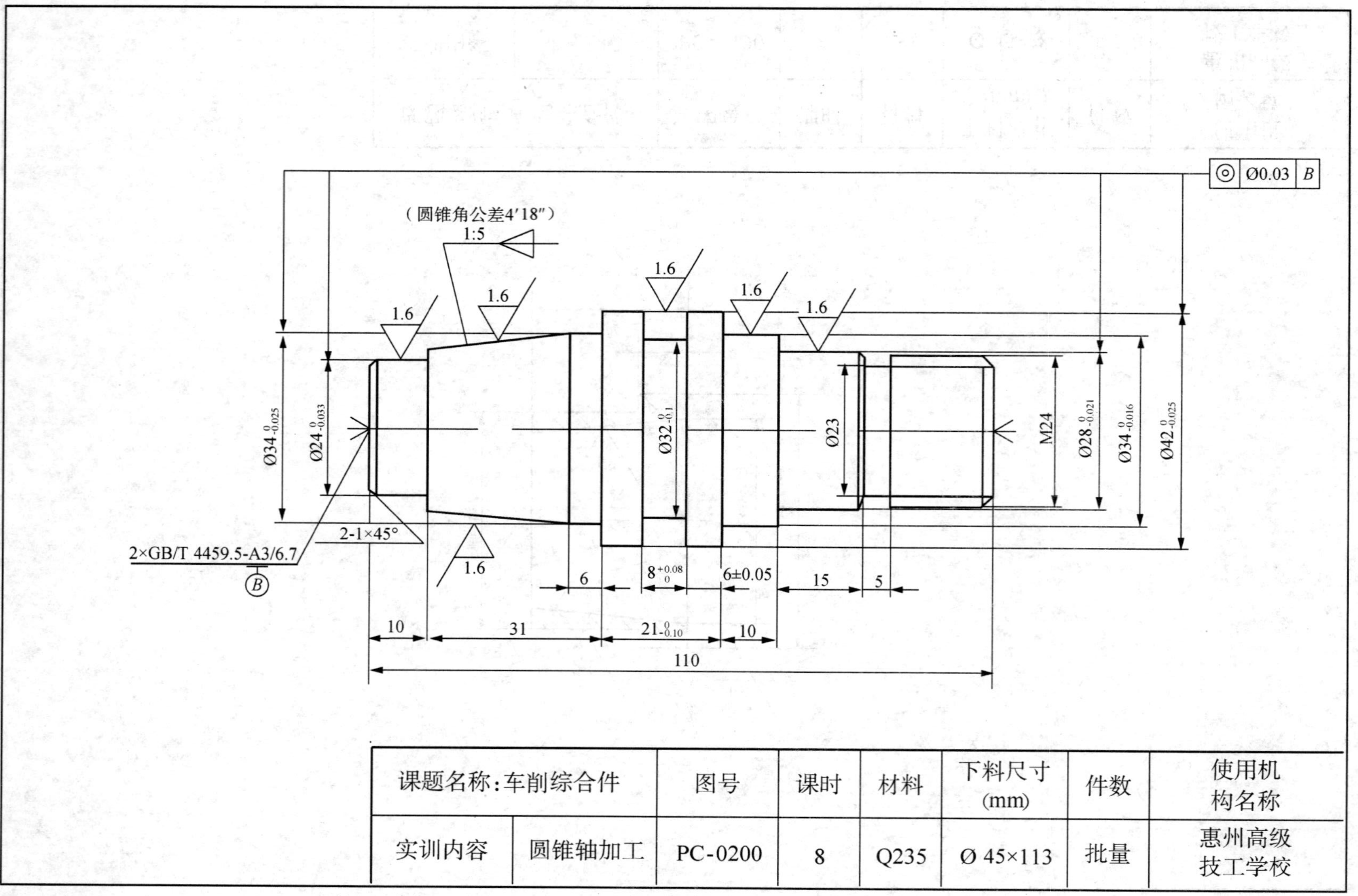

课题名称：车削综合件		图号	课时	材料	下料尺寸(mm)	件数	使用机构名称
实训内容	圆锥轴加工	PC-0200	8	Q235	Ø 45×113	批量	惠州高级技工学校

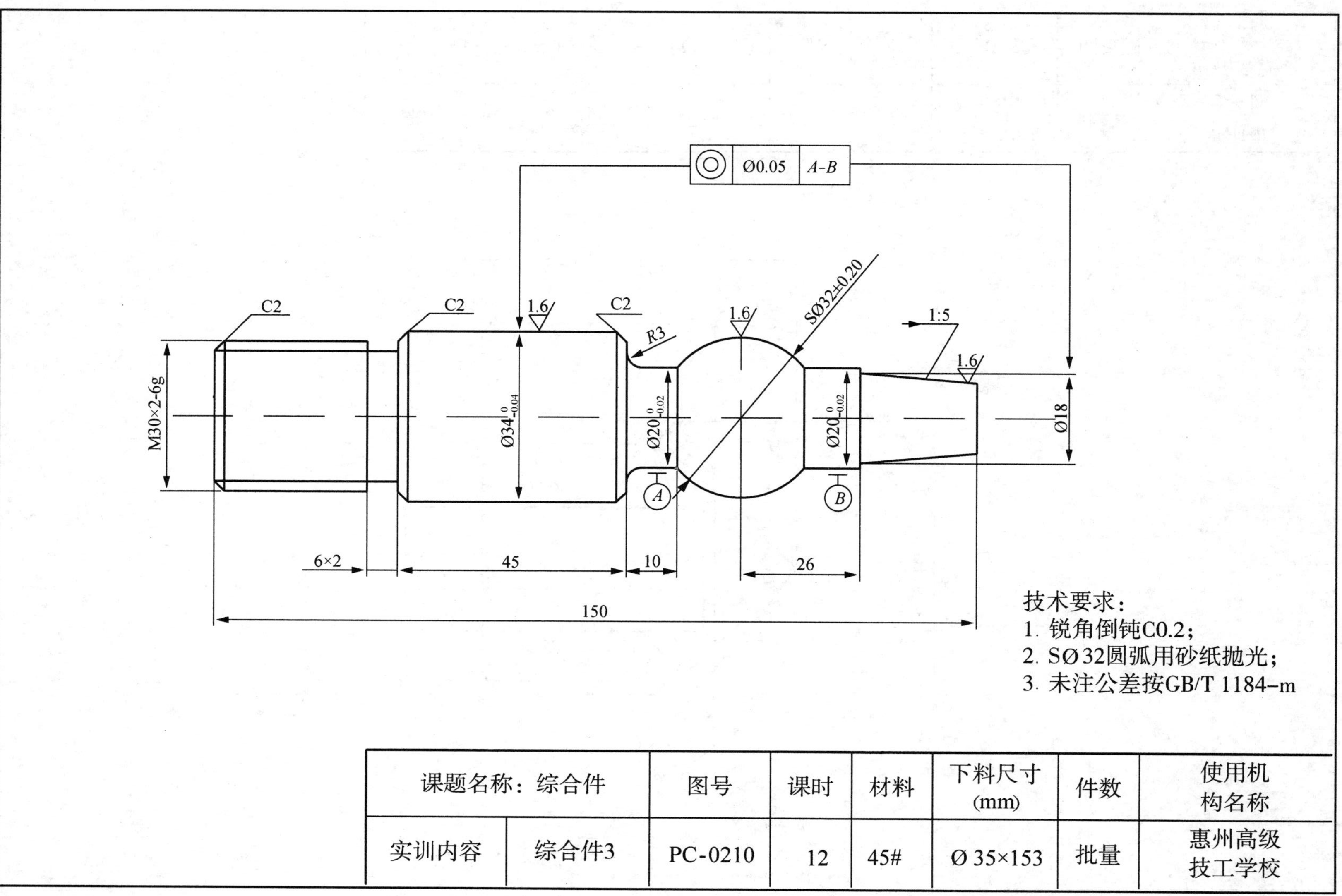

技术要求：

1. 锐角倒钝C0.2；
2. SØ32圆弧用砂纸抛光；
3. 未注公差按GB/T 1184–m

课题名称：综合件		图号	课时	材料	下料尺寸 (mm)	件数	使用机构名称
实训内容	综合件3	PC-0210	12	45#	Ø 35×153	批量	惠州高级技工学校

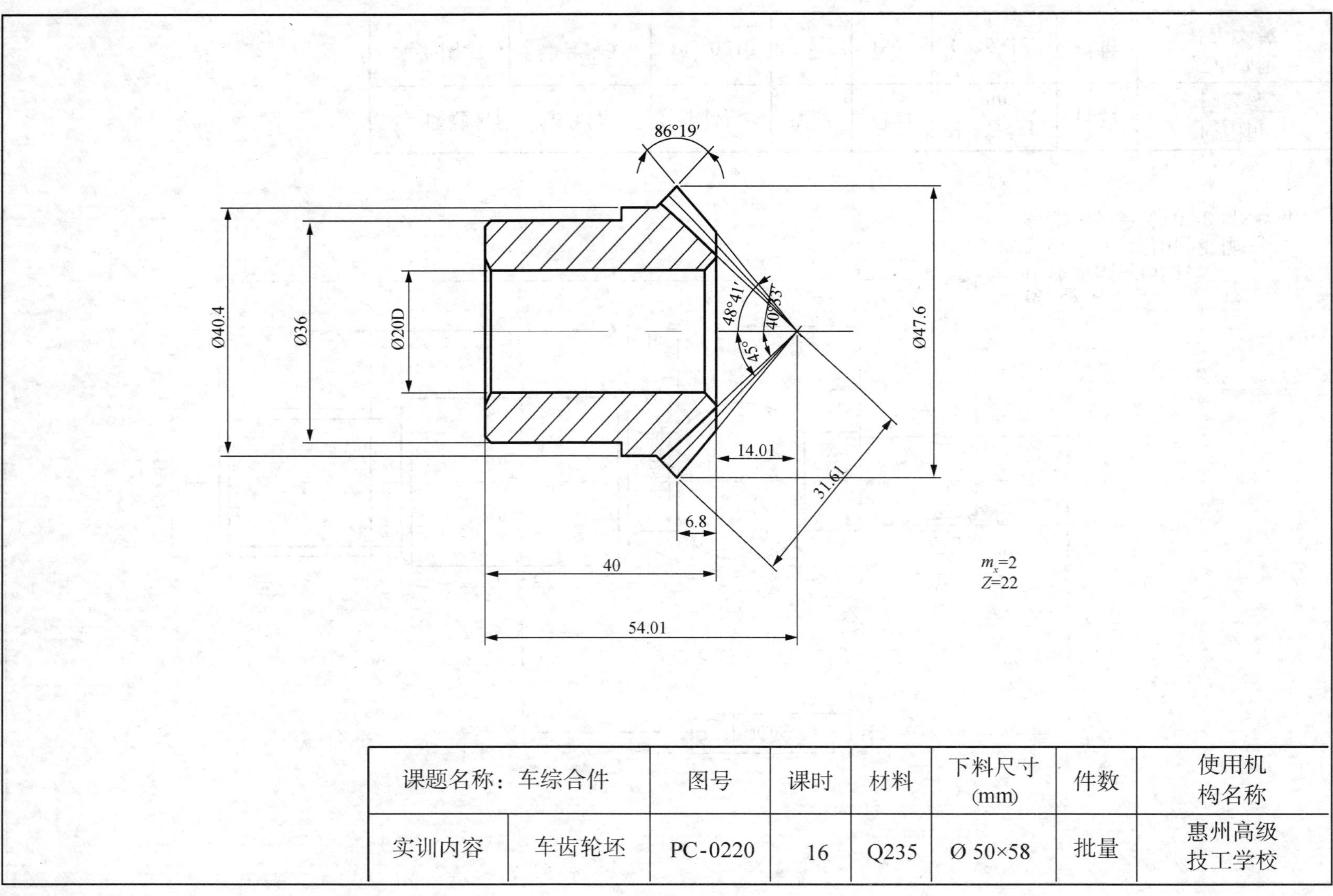

课题名称：车综合件		图号	课时	材料	下料尺寸(mm)	件数	使用机构名称
实训内容	车齿轮坯	PC-0220	16	Q235	Ø 50×58	批量	惠州高级技工学校

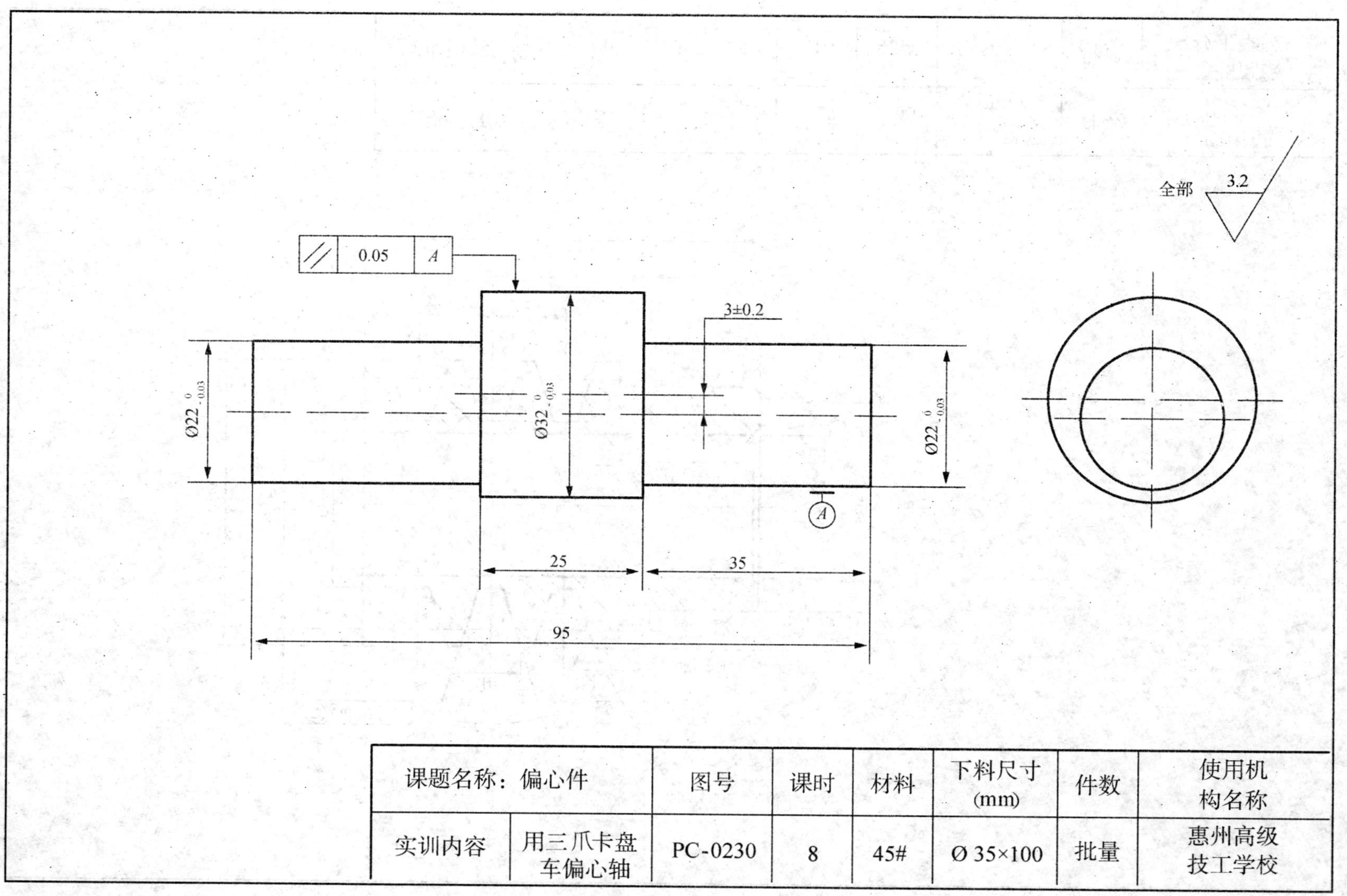

课题名称：偏心件		图号	课时	材料	下料尺寸(mm)	件数	使用机构名称
实训内容	用三爪卡盘车偏心轴	PC-0230	8	45#	Ø 35×100	批量	惠州高级技工学校

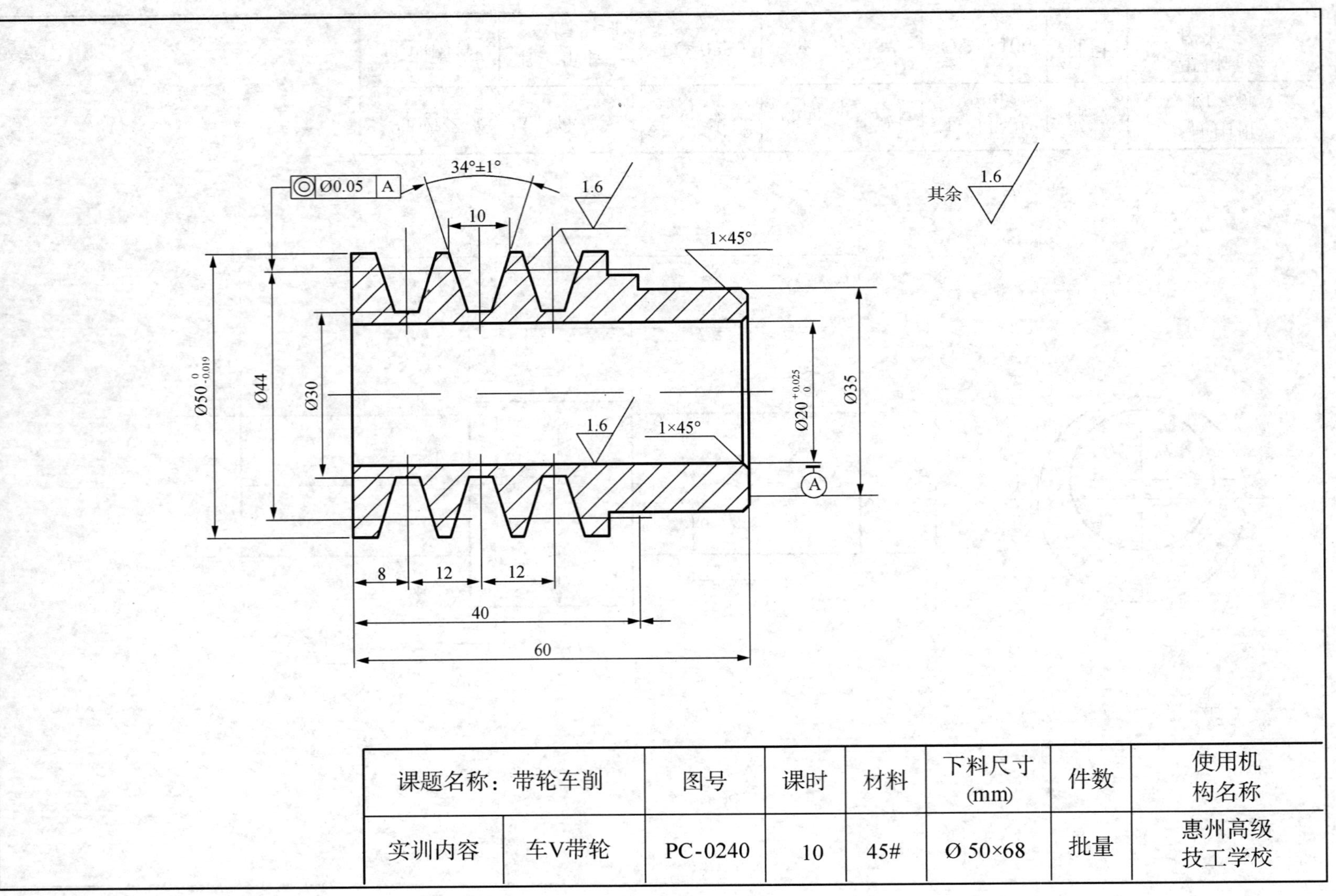

课题名称：带轮车削		图号	课时	材料	下料尺寸 (mm)	件数	使用机构名称
实训内容	车V带轮	PC-0240	10	45#	Ø 50×68	批量	惠州高级技工学校

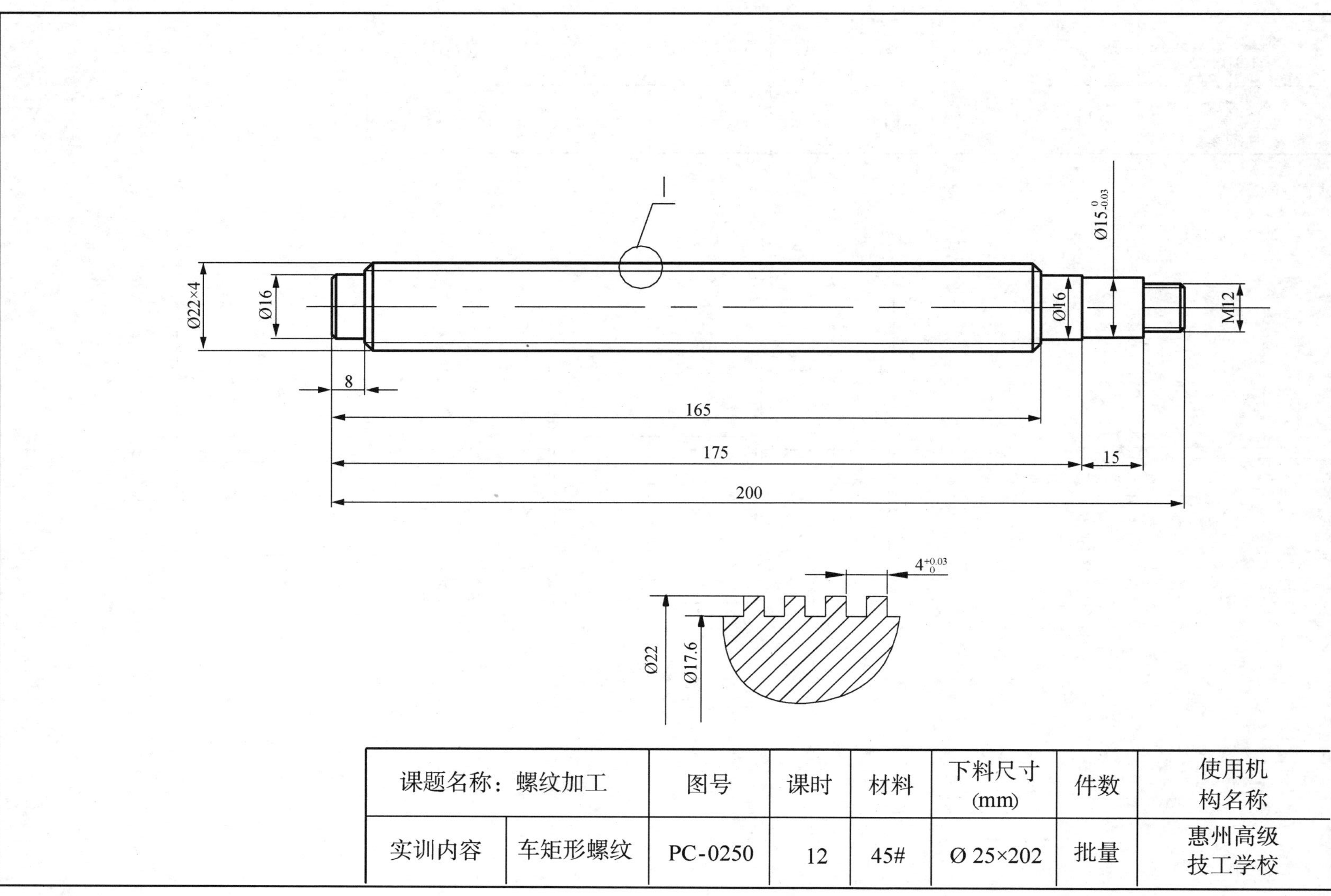

课题名称：螺纹加工		图号	课时	材料	下料尺寸(mm)	件数	使用机构名称
实训内容	车矩形螺纹	PC-0250	12	45#	Ø 25×202	批量	惠州高级技工学校

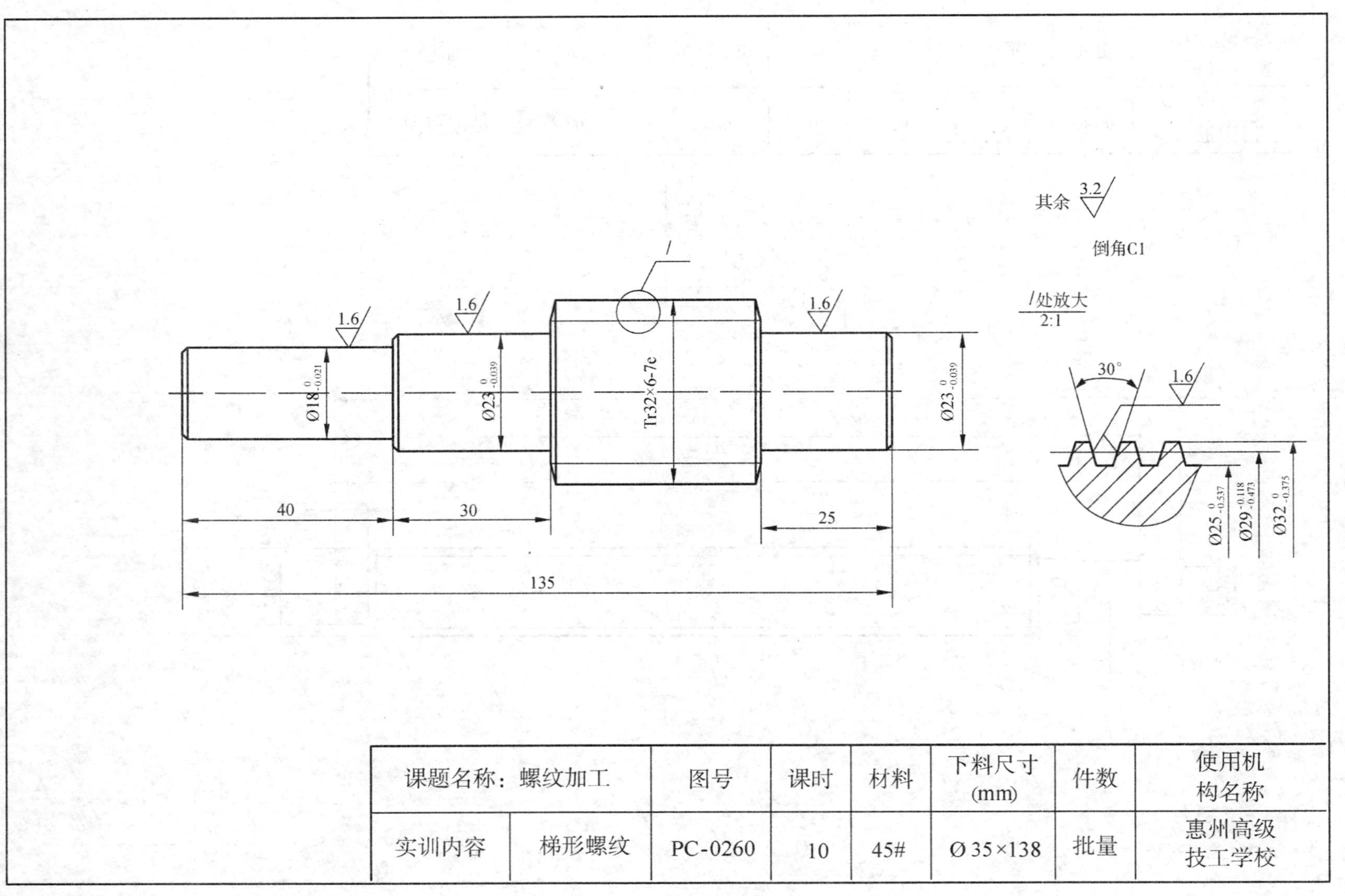

课题名称：螺纹加工		图号	课时	材料	下料尺寸 (mm)	件数	使用机构名称
实训内容	梯形螺纹	PC-0260	10	45#	Ø 35×138	批量	惠州高级技工学校

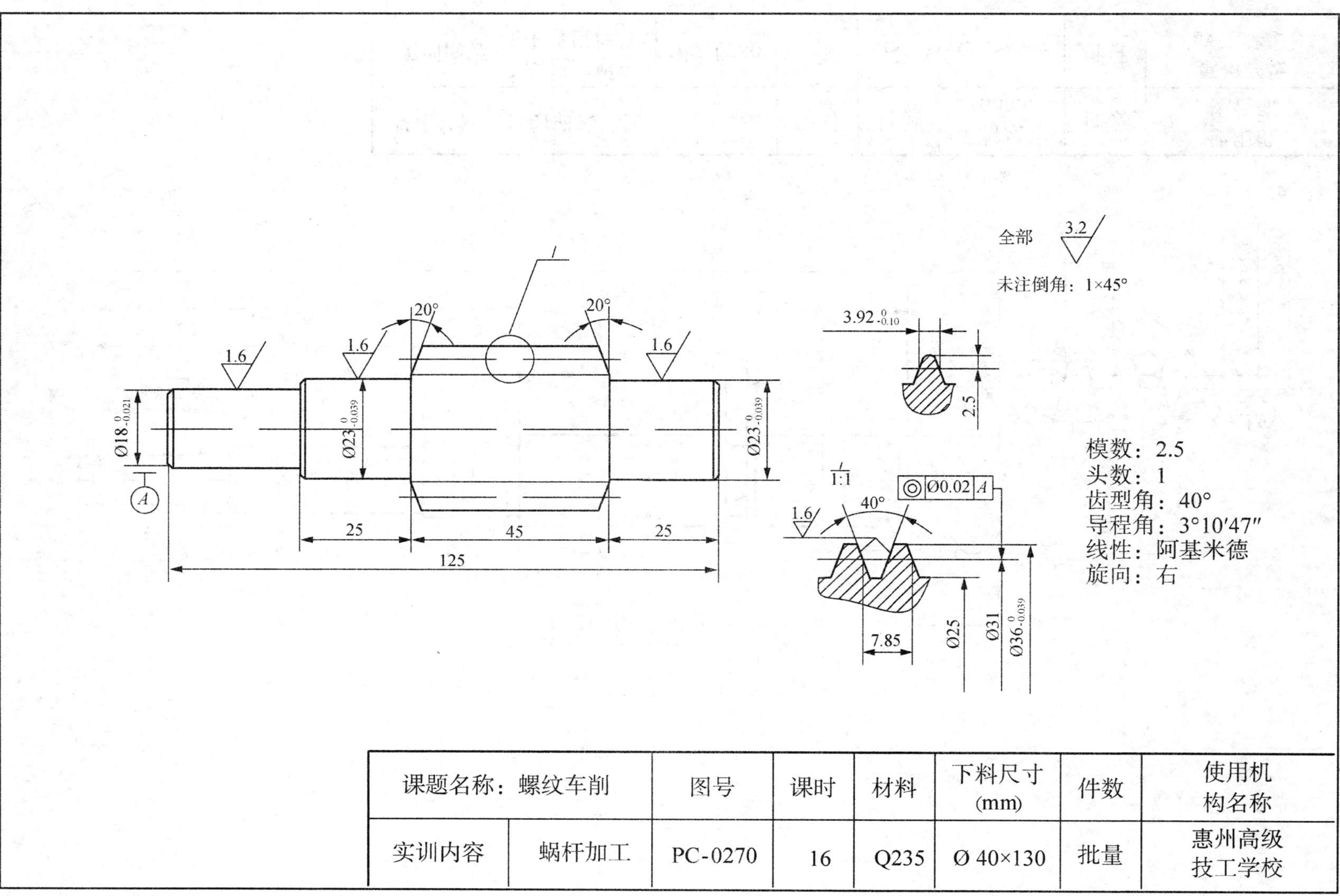

课题名称：螺纹车削		图号	课时	材料	下料尺寸 (mm)	件数	使用机构名称
实训内容	蜗杆加工	PC-0270	16	Q235	Ø 40×130	批量	惠州高级技工学校

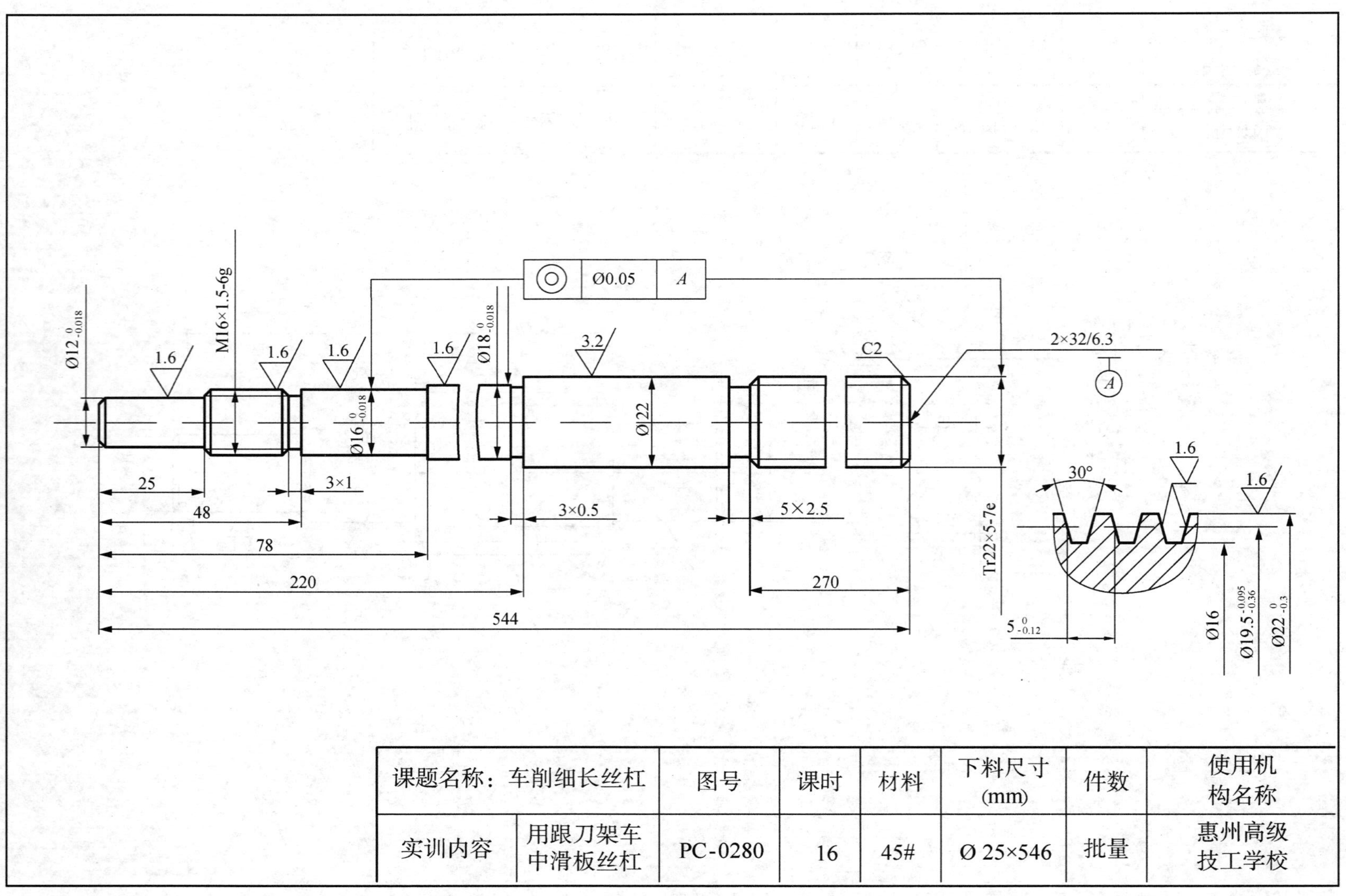

课题名称：车削细长丝杠		图号	课时	材料	下料尺寸(mm)	件数	使用机构名称
实训内容	用跟刀架车中滑板丝杠	PC-0280	16	45#	Ø 25×546	批量	惠州高级技工学校

车工实操工件图样

（选修课题）

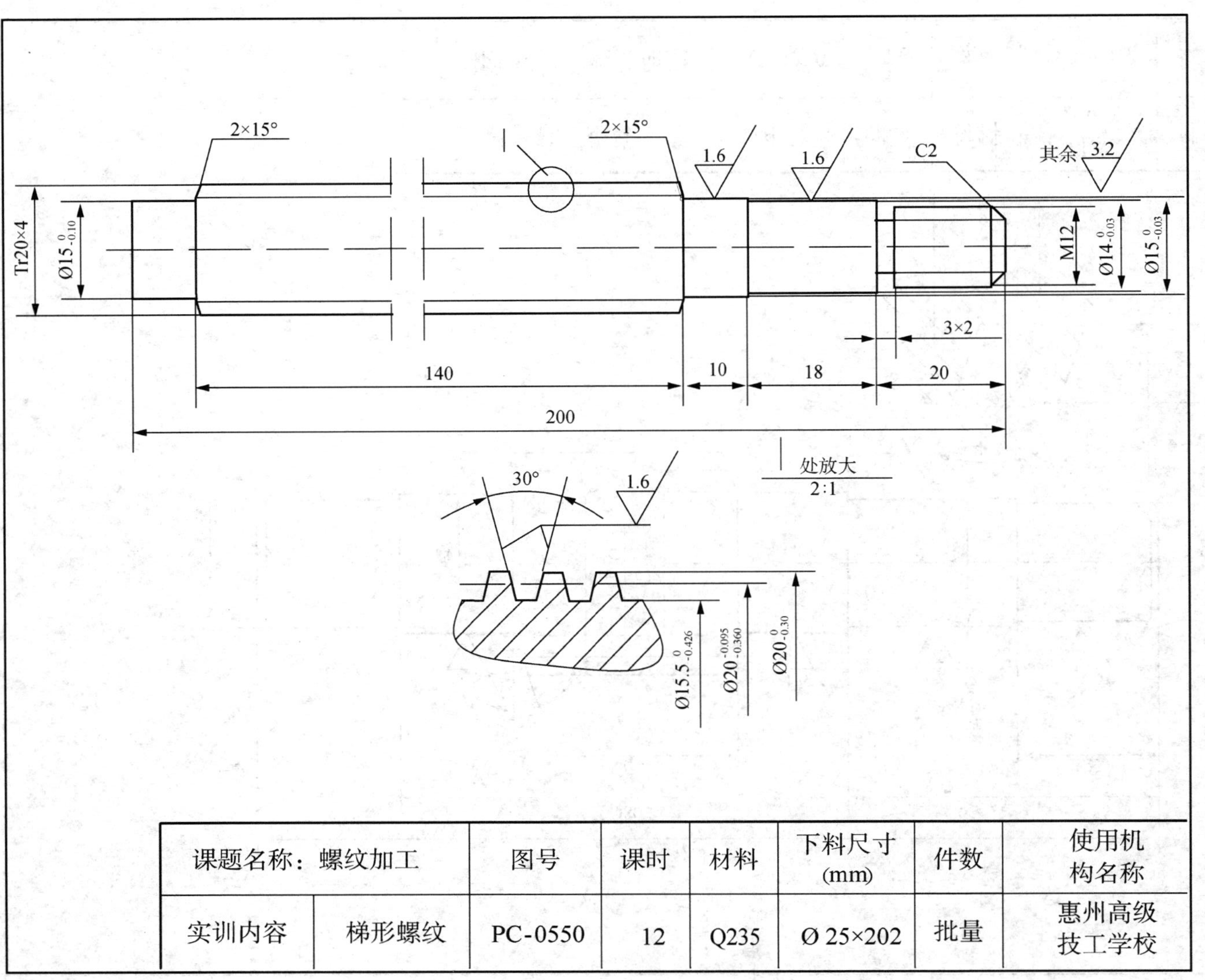

课题名称：螺纹加工		图号	课时	材料	下料尺寸(mm)	件数	使用机构名称
实训内容	梯形螺纹	PC-0550	12	Q235	Ø 25×202	批量	惠州高级技工学校

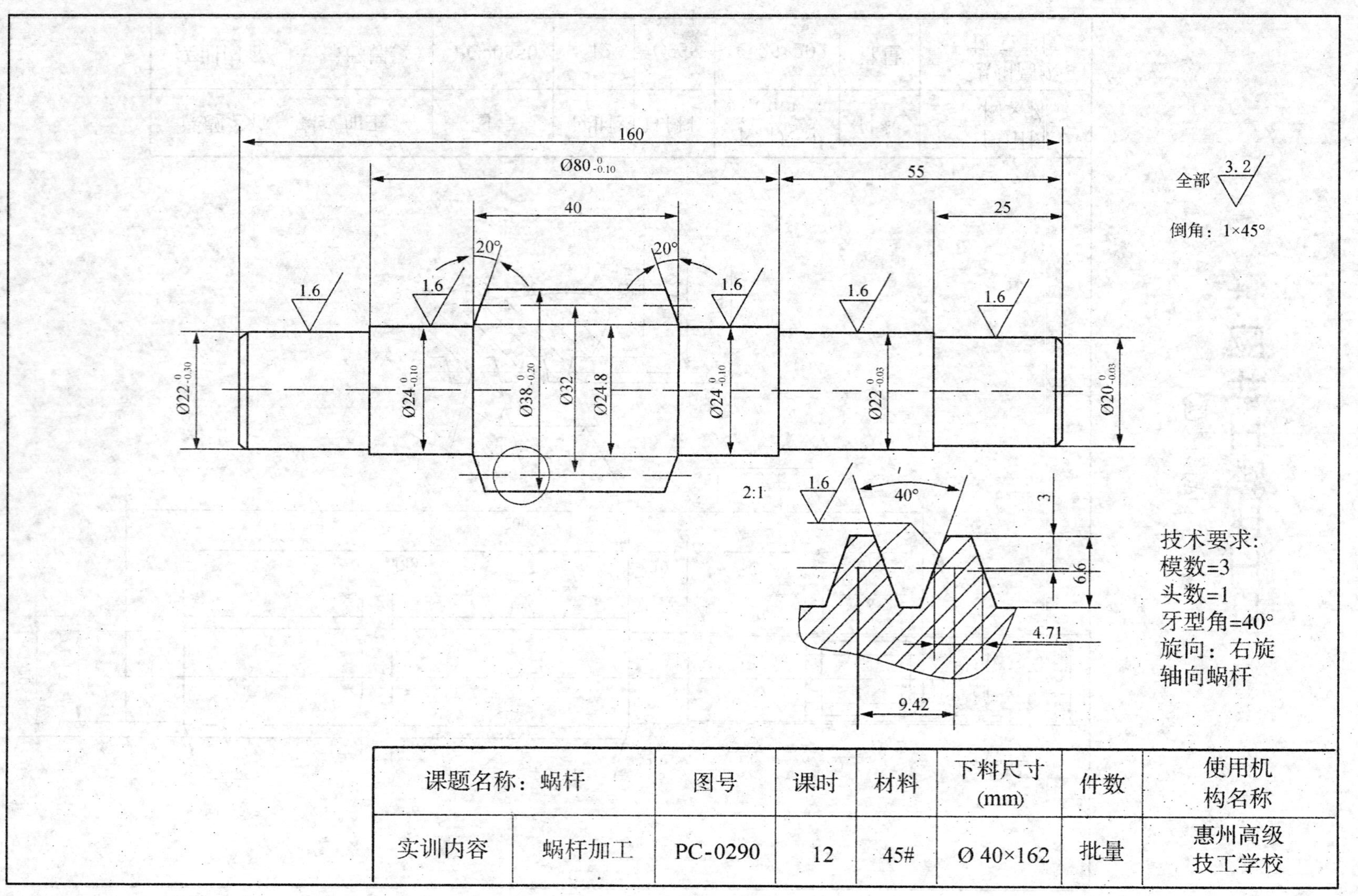

课题名称：蜗杆		图号	课时	材料	下料尺寸 (mm)	件数	使用机构名称
实训内容	蜗杆加工	PC-0290	12	45#	Ø 40×162	批量	惠州高级技工学校

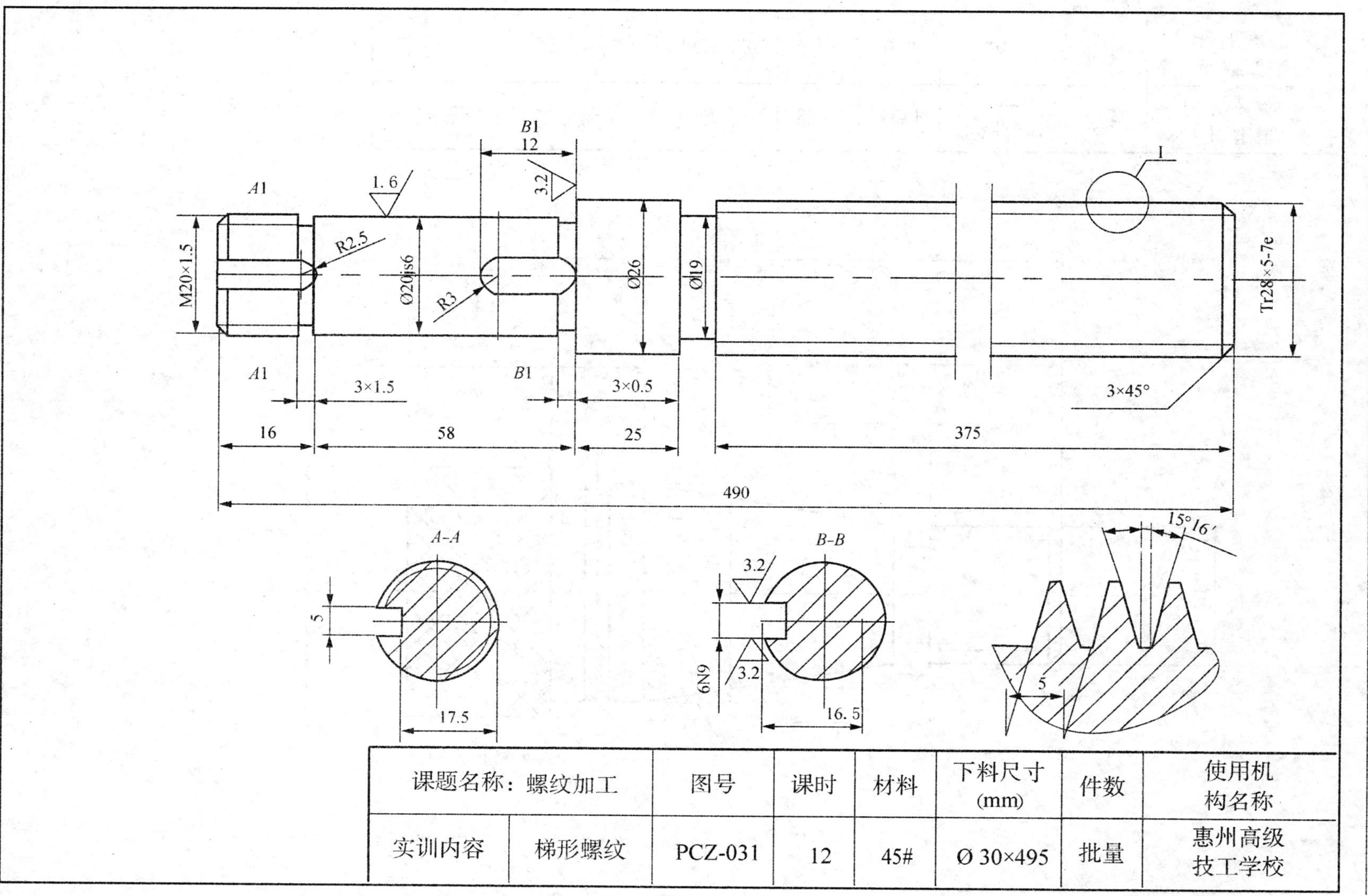
B1
12
A1
1.6
3.2
I
M20×1.5
R2.5
Ø20js6
R3
Ø26
Ø19
Tr28×5-7e
A1
B1
3×1.5
3×0.5
3×45°
16
58
25
375
490
A-A
B-B
15°16′
3.2
5
6N9
3.2
5
17.5
16.5
课题名称：螺纹加工
图号
课时
材料
下料尺寸(mm)
件数
使用机构名称
实训内容
梯形螺纹
PCZ-031
12
45#
Ø 30×495
批量
惠州高级技工学校

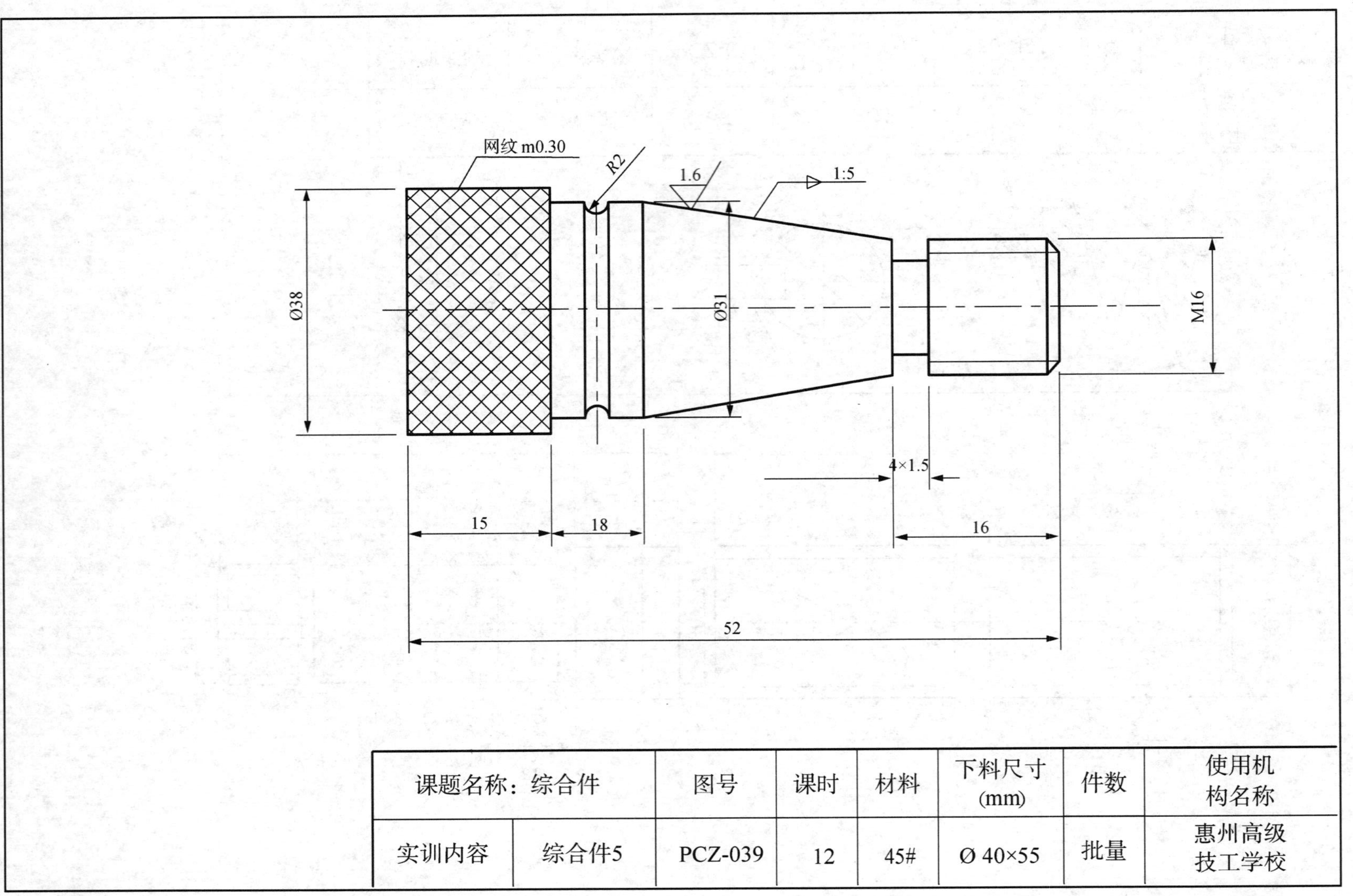
网纹 m0.30
R2
1.6
1:5
Ø38
Ø31
M16
4×1.5
15
18
16
52
课题名称：综合件
图号
课时
材料
下料尺寸
(mm)
件数
使用机
构名称
实训内容
综合件5
PCZ-039
12
45#
Ø 40×55
批量
惠州高级
技工学校

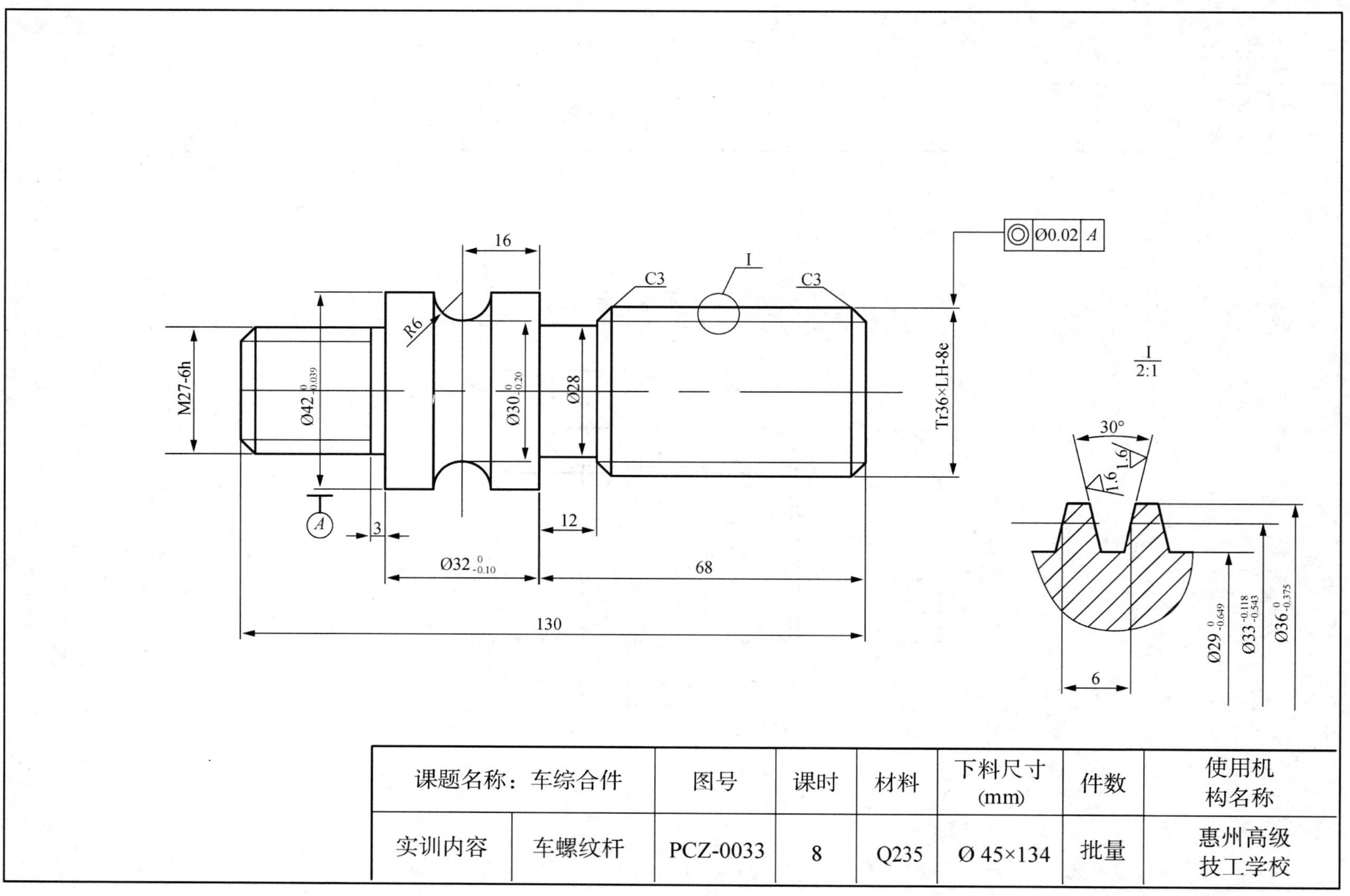

课题名称：车综合件		图号	课时	材料	下料尺寸(mm)	件数	使用机构名称
实训内容	车螺纹杆	PCZ-0033	8	Q235	Ø 45×134	批量	惠州高级技工学校

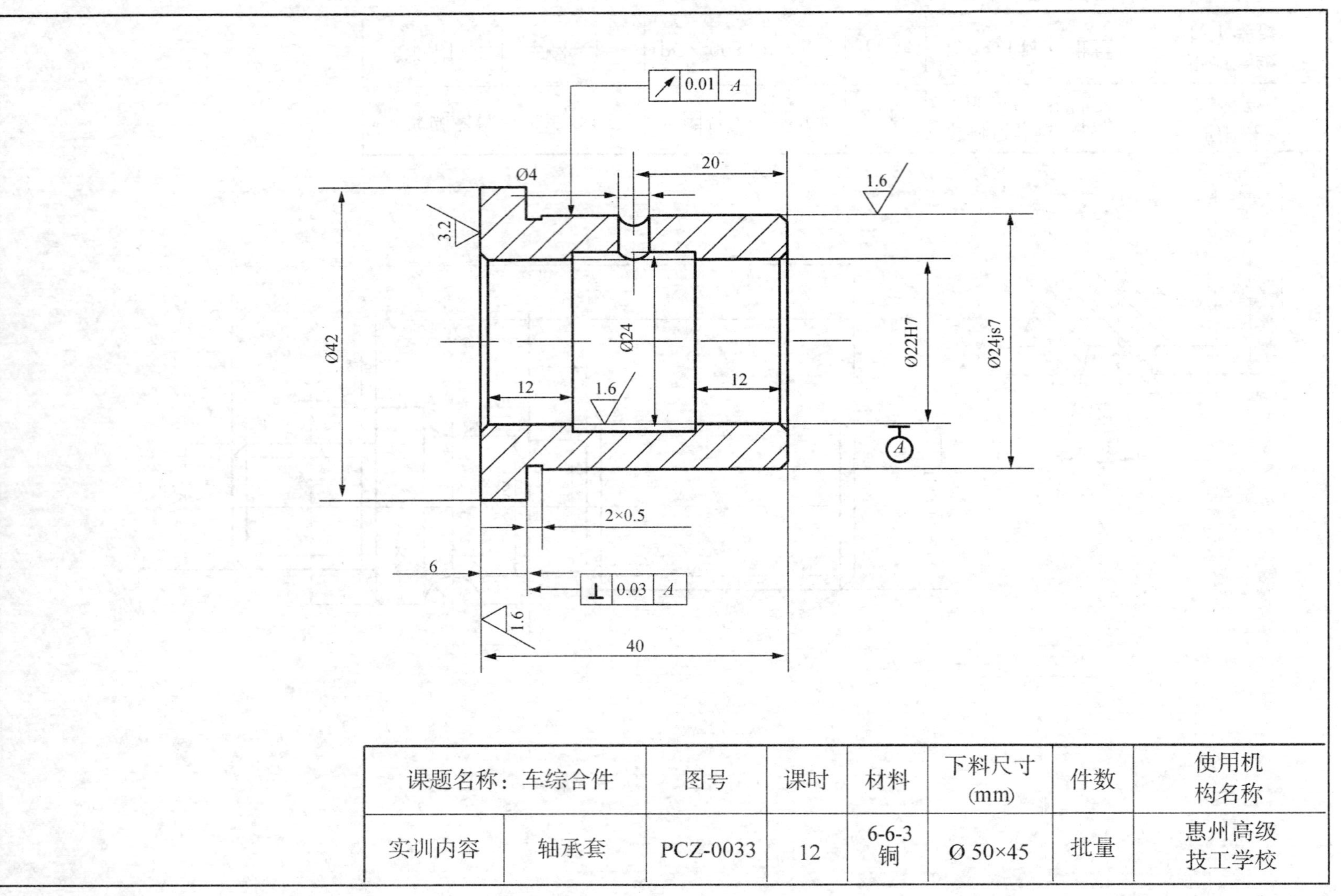

课题名称：车综合件		图号	课时	材料	下料尺寸(mm)	件数	使用机构名称
实训内容	轴承套	PCZ-0033	12	6-6-3 铜	Ø 50×45	批量	惠州高级技工学校

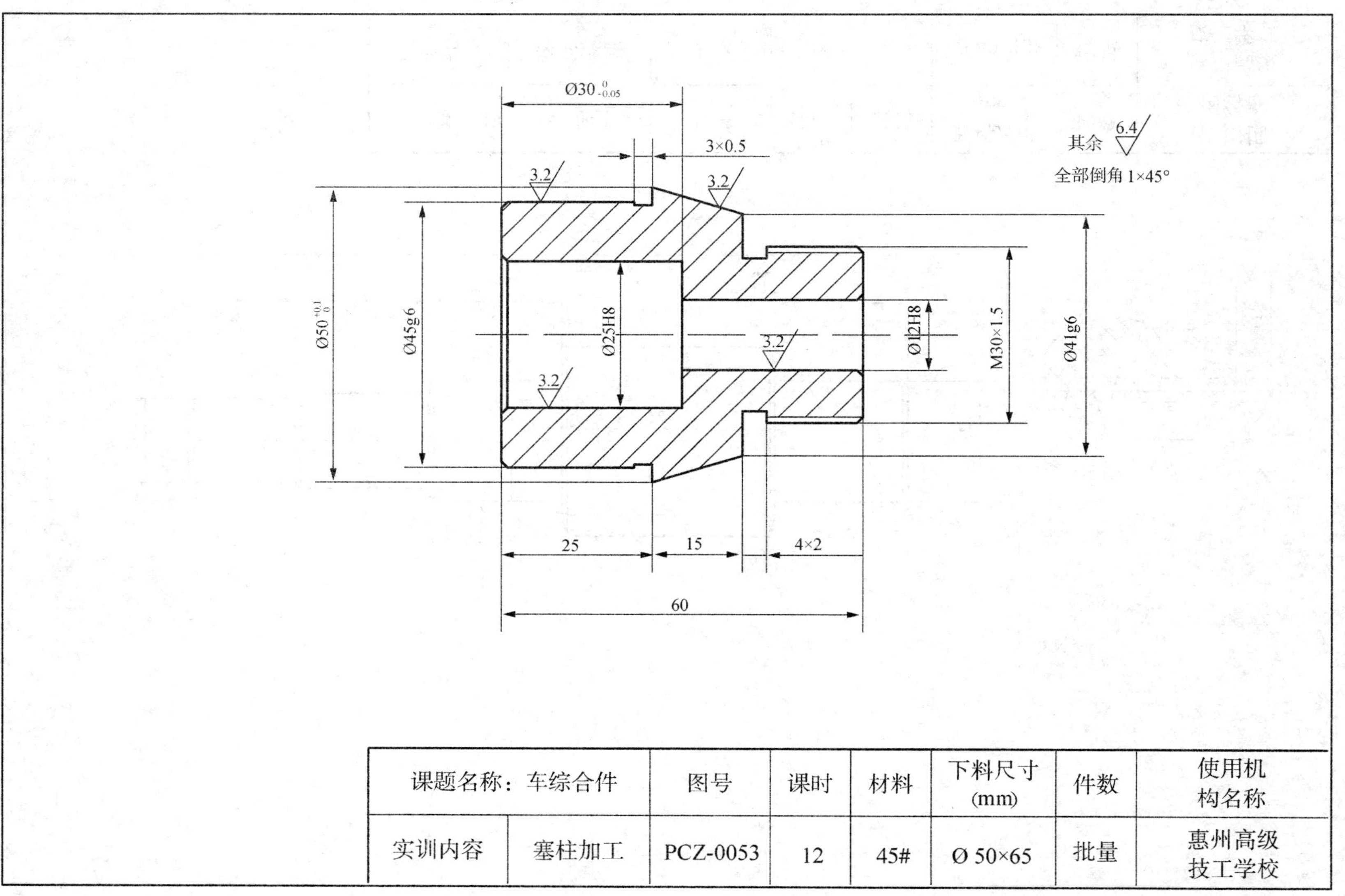

课题名称：车综合件		图号	课时	材料	下料尺寸 (mm)	件数	使用机构名称
实训内容	塞柱加工	PCZ-0053	12	45#	Ø 50×65	批量	惠州高级技工学校

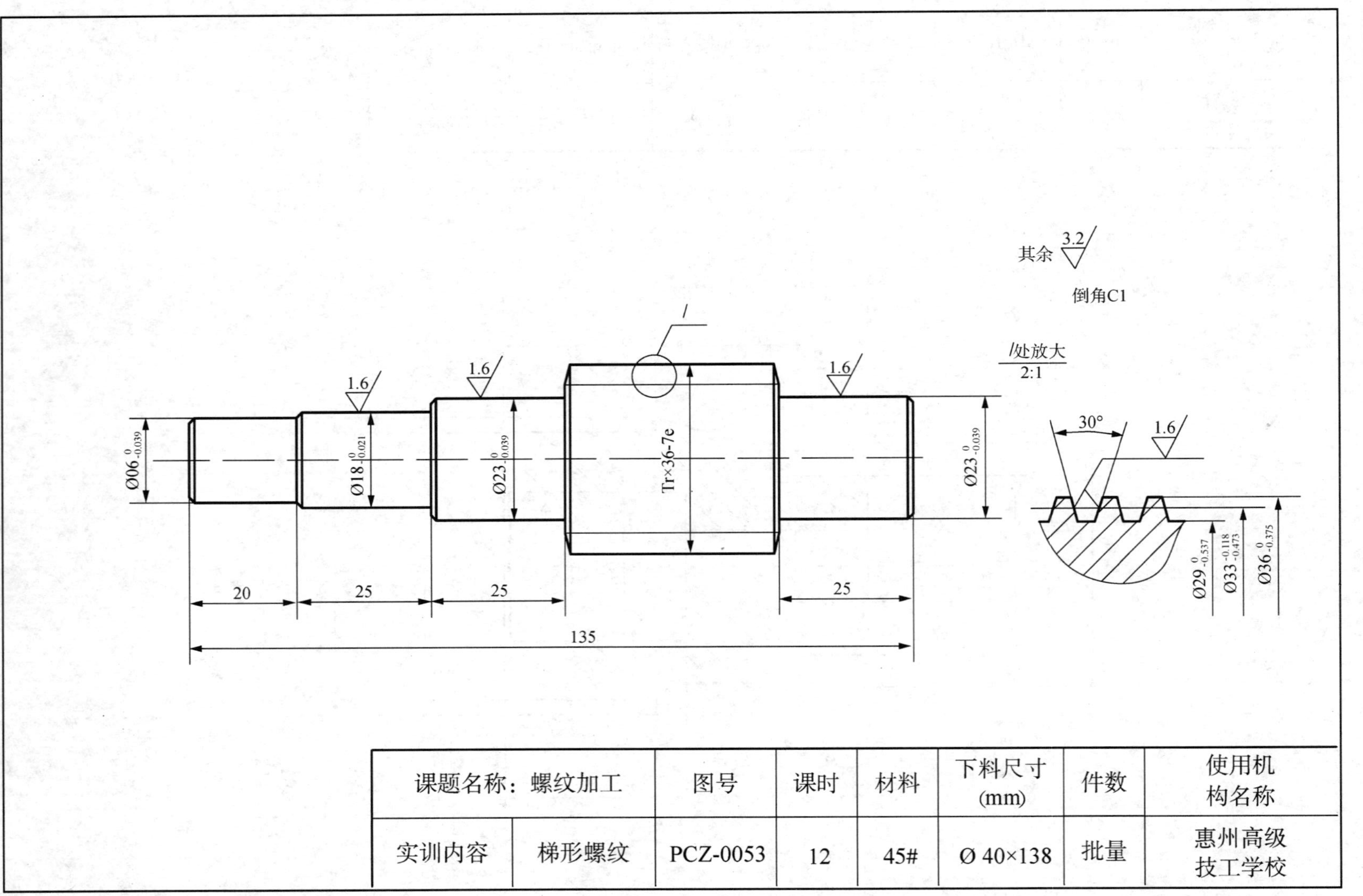

课题名称：螺纹加工		图号	课时	材料	下料尺寸(mm)	件数	使用机构名称
实训内容	梯形螺纹	PCZ-0053	12	45#	Ø 40×138	批量	惠州高级技工学校

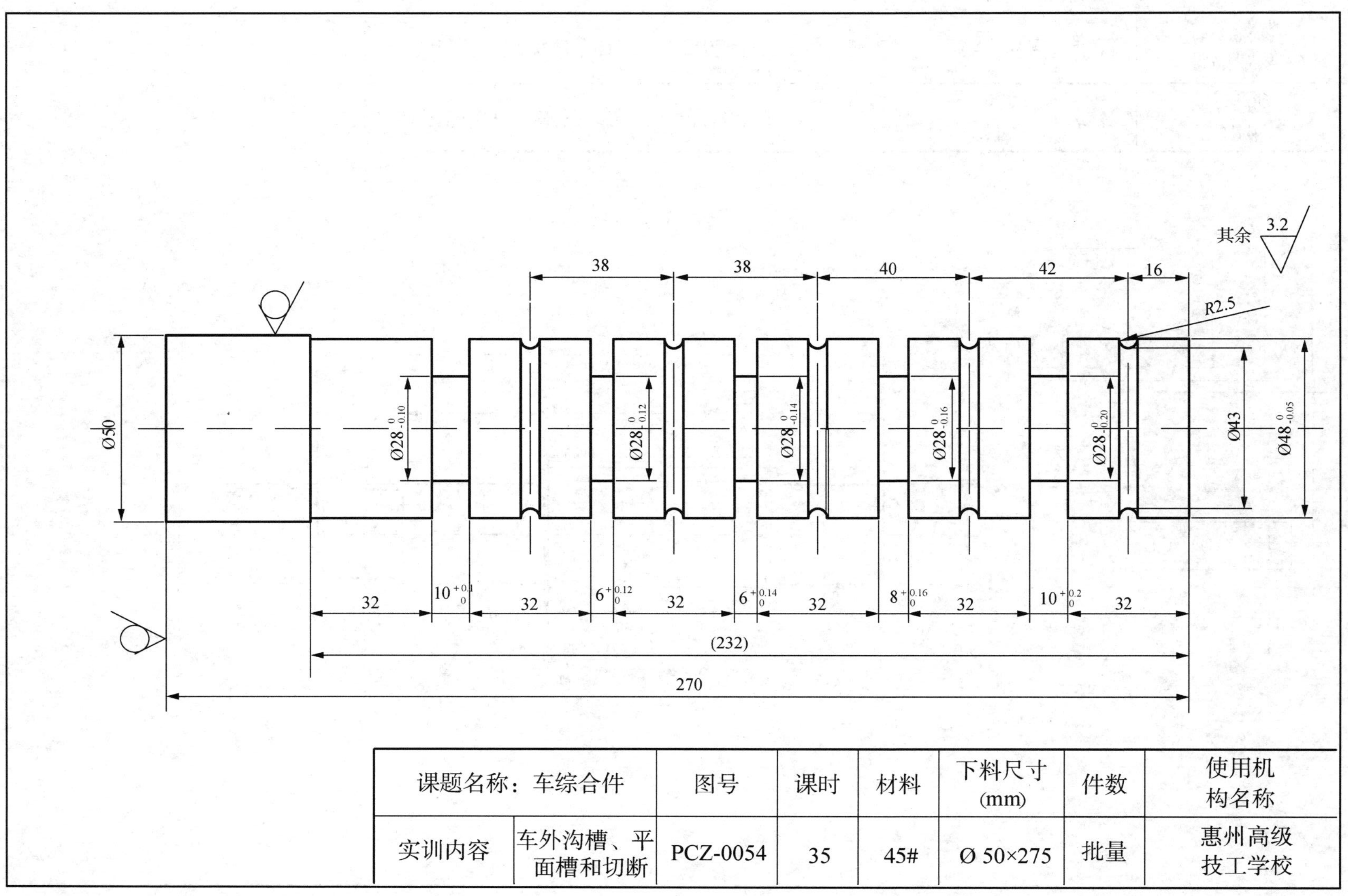

课题名称：车综合件		图号	课时	材料	下料尺寸 (mm)	件数	使用机构名称
实训内容	车外沟槽、平面槽和切断	PCZ-0054	35	45#	Ø 50×275	批量	惠州高级技工学校

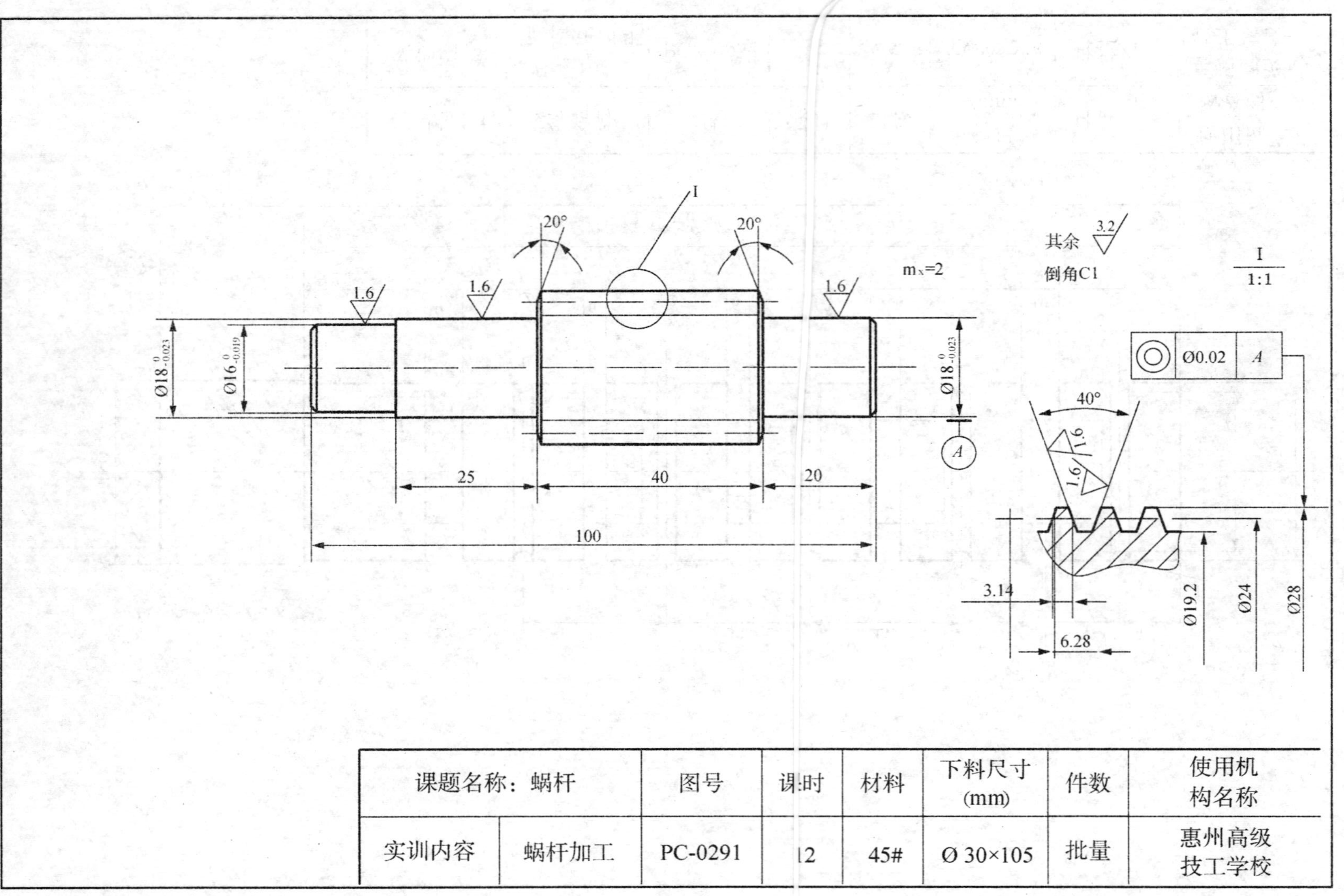

课题名称：蜗杆		图号	课时	材料	下料尺寸(mm)	件数	使用机构名称
实训内容	蜗杆加工	PC-0291	12	45#	Ø 30×105	批量	惠州高级技工学校